“十三五”江苏省高等学校重点教材（编号：2017-2-124）

水下机器人控制技术

曾庆军　戴晓强　张永林　陈　伟　编著

机械工业出版社

本书是为了使学生掌握水下机器人控制的基础知识，具备从事水下机器人应用和开发的基本技能而编写的。本书主要介绍两款水下机器人控制系统的设计与实现，全书共分为10章，内容涵盖水下机器人控制系统原理、组成、总体方案设计、控制系统硬件设计、控制系统软件设计、控制算法仿真、水下机器人湖试等，并利用MATLAB仿真软件实现相关控制技术的仿真和应用。

本书可作为普通高校自动化、机器人工程、测控技术与仪器等专业相关课程的教材，也可作为控制工程专业硕士研究生的学习参考资料及水下机器人工程师的培训教材。

（责任编辑邮箱：jinacmp@163.com）

图书在版编目（CIP）数据

水下机器人控制技术/曾庆军等编著. —北京：机械工业出版社，2020.3（2024.8重印）

“十三五”江苏省高等学校重点教材

ISBN 978-7-111-65150-5

Ⅰ.①水… Ⅱ.①曾… Ⅲ.①水下作业机器人-控制系统-高等学校-教材 Ⅳ.①TP242.2

中国版本图书馆CIP数据核字（2020）第046908号

机械工业出版社（北京市百万庄大街22号 邮政编码100037）
策划编辑：吉 玲 责任编辑：吉 玲 韩 静 王小东
责任校对：李 杉 封面设计：张 静
责任印制：单爱军
北京虎彩文化传播有限公司印刷
2024年8月第1版第3次印刷
184mm×260mm · 7.75印张 · 190千字
标准书号：ISBN 978-7-111-65150-5
定价：29.00元

电话服务
客服电话：010-88361066
010-88379833
010-68326294

网络服务
机 工 官 网：www.cmpbook.com
机 工 官 博：weibo.com/cmp1952
金 书 网：www.golden-book.com
机工教育服务网：www.cmpedu.com

前　言

随着水下机器人在海洋资源的开发和利用过程中扮演的角色越来越重要，它已成为人类进行深海资源研究与开发的重要工具。机器人是《中国制造 2025》中提出的重点发展领域之一，水下机器人作为水动力学、机械原理、控制技术、通信技术等相结合的产物，是多学科多专业共同研发的成果，是重点产品中服务机器人的一个重要分支。《机器人产业“十三五”发展规划》提出了中国机器人产业的主要发展方向，也对服务机器人行业发展进行了顶层设计，保守估计服务机器人市场空间将超千亿元。

作为服务机器人之一的水下机器人可服务于军用和民用市场，具有广阔的前景。由于蛙人在水下作业的环境恶劣、危险系数高、工作强度大，许多人都不愿意从事蛙人工作，聘请一位蛙人的费用也相当可观，而且执行效率有待提高。水下机器人能够代替蛙人在水下进行长时间高强度的作业，而且没有危险，因此市场对水下机器人的需求越来越旺盛。水下机器人在完成任务时控制系统是关键，控制系统的优劣决定着水下机器人完成任务的成功与否和执行效率。水下机器人产业在中国蓬勃发展，不同的应用对水下机器人提出了不同的需求，对水下机器人控制系统的要求多种多样，故对水下机器人控制人才培养也提出了新要求。

目前，介绍水下机器人的专业书籍较少，而且部分已经无法满足现代教学和科研的需求。以水下机器人控制系统为实例，几乎见不到详细讲解水下机器人控制系统总体方案设计、硬件设计、软件设计、控制器仿真设计、湖试等水下机器人控制技术的专业书籍，而这些知识对学生的工程素养、工程能力的培养非常关键。本书做了这方面的尝试，主要考虑了自动化等相关专业本科学生的特点。首先，使学生了解遥控水下机器人（ROV）和自主水下机器人（AUV）的功能和特点，以及控制系统的需求；其次，使学生能够掌握水下机器人控制系统的硬软件设计和实现流程的方法，能够满足企业的用人需求；再次，使学生熟悉关键技术的原理和实现，如控制器设计、动力定位设计与实现、声呐目标识别设计等，让学生充分利用已学的经典控制与现代控制理论知识来解决问题，理论和实际相结合，十分适合自动化等方向的本科教学。本书是从近年来的科研成果中总结归纳而成的，对相关科研工作者也有借鉴意义。

本书由江苏大学赵德安教授主审。写作分工为：第 1 章、第 6 章、第 9 章、第 10 章由曾庆军编写；第 2 章、第 3 章、第 4 章、第 7 章由戴晓强编写；第 8 章由张永林编写；第 5 章由陈伟编写。曾庆军负责全书统稿。

江苏科技大学海洋装备研究院姚震球教授、凌宏杰助理研究员在 ROV 总体设计和水动力分析方面为本书提供了丰富的素材，中科探海的刘维博士、任申真博士为 AUV 的总体设计和控制方面提供了大量素材，在此向他们表示衷心的感谢。同时感谢硕士研究生张光义、张家敏、王倩、姚金艺、周启润、张震等为本书做出的贡献。

由于作者水平有限，书中疏漏和不妥之处在所难免，恳请广大读者批评指正。

作者

目　录

第 1 章 绪 论

1.1 水下机器人研究背景及意义

地球提供了人类赖以生存的环境，长期以来，人类无节制地开采应用陆地上的自然资源，导致陆地资源短缺，因此人类急需开发新的自然资源。海洋面积约占地球总面积的2/3，它是人类生存和发展的巨大矿藏，在这广阔的海洋中蕴含着极其丰富的资源，对海洋的合理利用、开发必然会对人类社会的进一步发展起到巨大的推动作用。

海洋蕴含着丰富的资源，是人类生存的第二空间，合理利用、开发和监测海洋资源对于人类社会的可持续发展将起到巨大的作用。水下机器人的出现为人类进行深海资源的研究与开发提供了强有力的工具。目前，人类在深海打捞、资源勘探、生物种群调查、深海基因获取等方面所取得的突破性进展均与水下机器人密切相关。水下机器人技术的发展对于海洋科学研究起到了巨大的推动作用。与此同时，水下机器人也常用于船坞码头、大坝等水下设备维护检查，海上救助打捞、近海搜索、海洋生物的观测等，为人类进一步探索海洋、对海洋资源开发与研究提供了巨大的帮助。

海洋环境对船体及海洋钻井平台等有着巨大的危害，漆膜锈蚀、脱落会导致水下结构体的寿命下降，如图 1-1 所示。恶劣的海洋环境还会使其形成损伤，如果在早期阶段未能及时发现，就可能发展成为危险的事故，因此对于水下结构体的安全检测与维护是非常重要的。水下机器人使得水下检测变得更加安全、快捷，水下机器人代替人工作业，提高了安全系数，减少了人工成本。

图 1-1 水下结构体漆膜锈蚀

水下机器人是一种可工作于水下或深海区域的机器人，它能够轻松下潜至水中帮助人们完成一定的工作任务，又被人们称为水下潜航器。如图 1-2 所示，世界多数的水下机器人可以分为 3 种：载人水下机器人[1]（Human Occupied Vehicle，HOV）、自主水下机器人[2]（Autonomous Underwater Vehicle，AUV）和遥控水下机器人[3-5]（Remotely Operated Vehicle，ROV）。载人水下机器人能够乘载操控人员、科学家以及各种电子传感器装备等潜入深海，科学考察人员可以在海洋中进行精准的勘探、考察及水下作业，但是由于人自身的生理原因，很难长时间在深海中工作，因此这限制了载人水下机器人的发展。AUV 是一种不带有缆绳的水下机器人，因为在它本体内装有电池包，并且可以通过 AUV 本身的控制算法实现自身的运动控制，从而完成水下监测任务，AUV 一般分为两种形式，即智能式和预编程式；由于没有足够的动力来源，所以 AUV 也不可以长期工作；AUV 在深海中按照预编程的路径行驶，很难进行定点作业。ROV 是一种带缆远程遥控水下机器人，它有一个操控台，工程人员可以通过操控台对水下机器人进行运动控制，通过脐带缆上传传感器信号以及下传控制信号，同时通过脐带缆向 ROV 本体传输动力，因此 ROV 不受动力源的影响，续航能力强，但是脐带缆的长度会限制 ROV 的活动范围。

a)

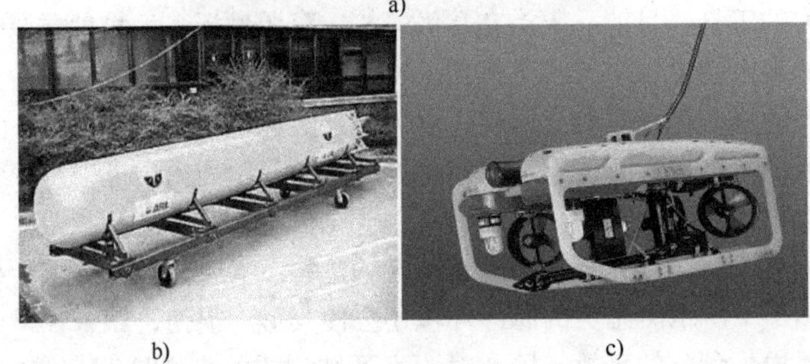

b) c)

图 1-2 水下机器人分类

a）HOV b）AUV c）ROV

随着对海洋的不断开发，水下机器人得到了越来越广泛的应用。控制系统的设计是水下机器人研究中一个至关重要的方面，稳定可靠的运动控制系统也是水下机器人完成预期任务和水下作业的前提和保证。水下机器人控制系统设计的好与坏直接影响到使命的成功与否。无论是水下结构检测还是水下作业，都需要水下机器人具有稳定、可靠、精确的运动控制能力。完善的运动控制系统能够使水下机器人具有完善的运动控制能力，能够通过传感器及其信息的处理，获取自身的运动状态和外部环境信息，能够协助上层智能规划系统做出合理的规划，选择合适的控制算法。

1.2 遥控水下机器人（ROV）国内外研究现状

1.2.1 ROV的研究现状

国外对ROV的研制开始于20世纪50年代，最初水下机器人的雏形是将摄像机使用透明材料密封起来，送到海底，人们通过视觉来观测广阔而神秘的海洋，这是几个美国人制作的浮游式缆控水下机器人，此后人们开始了对水下机器人的研制及开发。一直到1960年，世界上第一台安全检测及作业型ROV——CURV 1在美国问世[6]，如图1-3所示，由于它在海底进行安全检测时找到一颗氢弹，因此声名大振，从此ROV得到了人们重视，技术也迅速发展起来。此后美国又在CURV 1的研发基础上不断改进，从而产生了功能更加完善的ROV——CURV 2和CURV 3。

目前，有上千个作业型水下机器人在运行，主要用于石油和天然气等矿产资源的开采，其作业深度可达10000m以上。如美国生产的大型水下机器人SUPER SCORPIO、SUPER PHANTOM、TRITON等都成功地用于海上石油钻井平台设备的安装、检测、辅助及维护水下生产和常规作业。法国国家海洋开发中心与一家公司合作，共同建造“埃里特”声学遥控潜水器，该潜水器用于水下钻井机检查、油管铺设、锚缆加固等复杂作业[7]。英国从20世纪90年代初开始，开展了用于海洋石油开发水下检测的ARM（自动远程操纵系统）的项目研究。ARM系统布于近海现场，用于检测Mobile公司的Beryl Bravo平台[8]。挪威开发的REMO是一种基于遥控潜水器的水下检测机器人，用于复杂钢管节点焊缝的清洁与检测。

在小型ROV方面，图1-4所示的LBV200-4 MiniROV是美国SeaBotix公司研制的水下机器人，该系统配备有2个纵向推进器，一个垂直推进器，一个横向推进器，采用无刷直流电动机作为驱动，速度可达3节，采用220V交流电供电，下潜深度可达150m，安全方面带有隔离输入、断路器、泄漏监视等功能。

图1-3 CURV 1

图1-4 LBV200-4 MiniROV

水下机器人产品越来越成系列化、模块化生产，例如SeaBotix公司生产的一种LB型多功能水下爬行机器人，就是一种双模的ROV，它除了可以在水中自由航行外，还可以在水底行驶。图 1-5 所示是水下机器人 LBV300-5 的实物图，它质量约为 13kg，可以工作在 300m 水深，配备水下本体、综合控制箱、脐带缆、运输箱等，具有 5 个大推力无刷直流推进器，即前后方向安装 2 个、垂直方向 2 个、横向 1 个，最大速度可达到 1.44m/s，可以实现摄像、激光测距、机械手等功能。

加拿大 Seamor Marine 公司研发的专用于水下勘察和轻量级作业的 Seamor300 系列 ROV，是一种较先进的浅海水下机器人。以 Seamor300F 为例，如图 1-6 所示，其机身尺寸为 355mm×472mm×355mm，重约 23kg，最大下潜 300m，最大速度为 3kn[10]。

英国科学家研制的“小贾森”ROV，采用计算机控制，潜水器与母船之间通过光纤进行联系[11]，如图 1-7 所示。

图 1-5　LBV300-5 ROV

图 1-6　Seamor300F

大型工作级水下机器人可用于海洋石油、天然气作业辅助支持、科学考察、打捞搜救等领域。图 1-8 所示是 H2000 型水下机器人，是大中型工作型 ROV，是法国海军 2000m 水深进行沉船和失事飞机调查和打捞指定用的 ROV。该 ROV 长 2000mm，宽 1240mm，高 1150mm，总重量 900kg，海水中负载 80kg，有 6 路视频通道、1 个 7 功能机械手和 1 个 5 功能机械手，可选液压工具[12]。

图 1-7　“小贾森”ROV

图 1-8　H2000 ROV

大型 ROV 还有一种是深海作业型水下机器人，可以在大水深和高危险环境中完成高强度、大负荷的工作，比如海底资源调查、海底地貌绘制、海底管道铺设等工作。伍兹霍尔海洋研究所研制的JASON ROV是一种双体结构的水下机器人，它由ROV本体和中继站两个部分组成[13]。第一代JASON型ROV于20世纪80年代投入使用，最大下潜深度6000m，在太平洋、大西洋海域完成几百次试验，一般作业时间可达20多小时。2000年新一代JASON水下机器人完成研制，图1-9所示的JASON Ⅱ ROV，最大下潜深度达到6500m，各项性能指标更加优异，技术也更加先进，已经完成了大量的科研工作[14]。

图1-9 JASON Ⅱ ROV

Ocean One是美国斯坦福大学的最新ROV项目之一。Ocean One水下本体包括上部和下部两部分，下部是实现高效水下运动的水下航行器，上部是具有两条人形机械臂的拟人化结构。Ocean One采用了许多最新的智能控制技术与方法。Ocean One具有24个自由度和26个执行器，重量在200kg以内，体积和人体相等。搭载的视觉和触觉传感器使其具备智能的环境感知功能。丰富的用户界面使其具有优良的人机交互能力。Ocean One能够完成潜水员的常见操作，包括结构组装以及对样品、工件和其他不规则物体的精细处理。Ocean One的处女航是2016年在地中海对路易十四的LaLune沉船遗骸的水下考察，这次探险展示了机器人和人类在恶劣环境中执行严峻作业任务的协同合作，从而为人类在不适宜的环境中完成具有挑战性的作业任务提供了条件[14]。图1-10描述了Ocean One的机械臂操作情景，用户和Ocean One水下本体的视觉、触觉和手臂动作都保持同步。

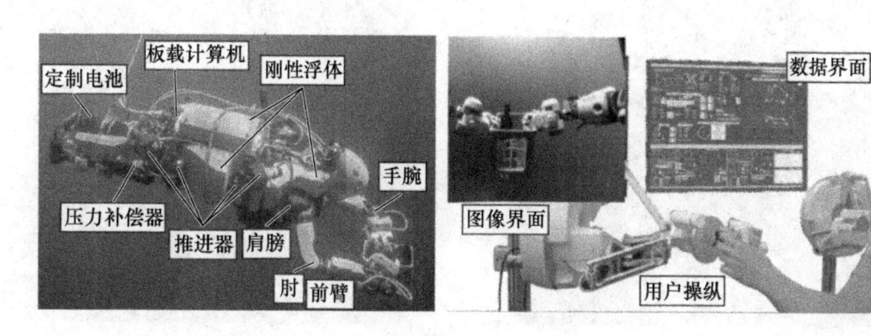

图1-10 Ocean One机械臂操作

我国对水下机器人的研究要从20世纪六七十年代开始算起，那时我国还处于理论研究阶段，还达不到设计研制水平。到20世纪70年代末，中国科学院沈阳自动化研究所联合上海交通大学开始对水下机器人进行深入开发及设计，并共同设计研发了“海人一号”ROV，如图1-11所示。“海人一号”水下机器人是我国完全自主研发的第一款ROV，标志着我国今后完全可以凭借自身知识进行水下机器人的独立研制，对我国机器人的设计与开发起到了推动作用。

水下机器人在我国发展飞速，到2008年，我国研制了一款深海水下机器人——“海龙号”[16]，如图1-12所示，它是上海交通大学水下工程研究所自主研发的3500m无人遥控潜水器（ROV），它主要用于深海安全观测和样品采取，这标志着我国ROV技术在性能和控制方式上有了飞快的提升。2014 年 2 月，“海马号” ROV 研制成功[17]，并在我国南海进行海上测试，如图 1-13 所示，“海马号”是我国自主研制的第一台下潜深度高达 4500m 的水下机器人。我国 863 计划明确提出提高我国的自主创新能力，要重点发展前沿技术，“海马号”是海洋研究范畴的前沿科技，它的海上试验成功标志着我国掌握了深海机器人的技术前沿，同时为我国继续研发全海深机器人技术提供了科学基础。目前，我国有相当数量的水下机器人用于海洋钻井平台水下结构检修、水下大坝结构安全检测以及水质安全检测等，如青岛罗博飞海洋技术有限公司的小型框架式水下机器人和大力金刚机器人、威海有限公司的金刚 2 号观测机器人等。

图 1-11 “海人一号” ROV

图 1-12 “海龙号” ROV

图 1-13 “海马号” ROV

不同种类的 ROV 具有不同的作业能力，一台机器人不可能同时具备多种作业的能力。观测型 ROV 主要用于水下结构物的观测及水下环境数据的采集。目前国内外对小型观测机器人的研究也开始注重起来，因为小型水下机器人可以面向更多的客户，并且可以做更多的运动控制算法，如定横滚、抬艏等运动姿态。

国内的深圳鳍源科技有限公司是一家专注水下机器人领域的公司，该公司于 2017 年推出了消费级水下拍摄机器人 FiFish（飞行鱼）[18]，如图 1-14 所示，主要针对水下高清拍摄的消费需求，FiFish 水下机器人具有出色的外观设计。它的设计下潜深度为 100m，操纵性好，在水下能够稳定地做姿态运动，实时采集图像信息，清晰度极高，让人仿佛置身于水下环境。此款产品广泛应用于水下摄像、海洋生物研究、私人娱乐、大坝结构物安全检测及水下救援等领域。机器人的动力系统来自于推进器，安装有惯性导航模块，能够可靠地实现直航、转艏、升潜等多自由度运行姿态；它的最高直航速度约达3kn，具有很强的抗流效果，同时其拍摄照片具有防抖动算法。深圳吉影科技有限公司最新研发的新型水下机器人“波塞冬Ⅰ号”如图1-15所示，它自带电池包，拥有5h的高效续航能力，可以通过遥控手柄无线控制机器人运动，其下潜深度可达120m，相机采用高清摄像头，在水下可实时传输视频图像。目前，“波塞冬Ⅰ号”也被用于海产养殖，对水产品的生命安全进行检测，这提高了网箱检查效率，也避免了鱼群爆发大规模疾病带来的成本损失。

图1-14 FiFish ROV

图1-15 “波塞冬Ⅰ号”ROV

2009年，国外OpenROV公司的创始人开始研究水下机器人技术，历经四年的设计和试验后，OpenROV公司推出了一款观测型机器人——Trident[19]，如图1-16所示，机器人采用封闭式结构设计，与之前的产品相比，Trident更加小巧轻便，重量只有2.9kg，拿起来毫不费力。虽然它重量轻，但依旧具有很高的性能，它可以下潜到水下100m。机器人的摄像机与水下灯位于本体头部，高亮的LED灯使得水下环境更加清晰，高清的摄像头不仅可以实时视频传输，还可以用来拍摄照片。Trident的脐带缆中并无电力传输线缆，它只有数据线伸出水面，与控制器进行无线通信，这样机器人采集的图像数据及传感器数据可以实时上传至水面监控系统。

图1-16 Trident

世界上许多国家的水下机器人控制系统及结构设计基本已达到国际化水平，ROV的发展也形成了工业化生产，但在国内，ROV并没有形成产业化发展。我国对机器人产品都有研究与制作，且研制及设计水平基本接近或达到了国外的开发水准，但是在关键技术上还存在较大的差距。与国外成熟产品相比，我国在机器人材料及关键部件的研发上逊色不少。因此我国应将机器人关键部件的研发及深水材料的合成作为机器人研发的重点，而不应只是一味地购买国外机器人配件，安装到我们自己的机器人身上。当然我国还需自主研发高精度的水下传感器设备，这是提高水下机器人性能指标参数的重要部分。

1.2.2 ROV 运动控制研究现状

研究 ROV 运动控制技术是为了使 ROV 更加智能化，增强 ROV 对水下恶劣环境（浪、暗流）的抗干扰能力，代替人完成水下安全检测任务，从而使 ROV 更容易按照人们的意愿完成一定的运动姿态。

国外对 ROV 的运动控制研究比较深入，并在这方面取得了丰硕的成果。由于水下机器人模型难以精确建立，因此国外对水下机器人运动控制的研究理论及算法多是基于自适应控制器，常采用的理论算法包含以下几种：PID 控制及各种改进的先进 PID 控制、滑模变结构控制、自适应控制、模糊控制、预测控制、鲁棒控制、神经网络控制等。1985 年的时候，就有学者对水下机器人运动控制进行了研究，Jung 等人[20]使用了滑模控制器来实现 ROV 的轨迹控制，取得了良好的效果。在 1990 年，随着多变量自适应控制器的发展，Gewonder 等人[21]在此基础上解决了 ROV 自动控制模型不确定的问题，为水下机器人模型的建立提供了数学理论支撑，帮助后人解决了巨大难题。在 1994 年，学者 Derbtoy 开始研究模糊控制器在水下机器人运动控制上的应用，并成功地将控制器运用于机器人的定深控制上，并且控制稳定性好。到了 1998 年，又有学者开始对机器人艏向控制进行研究，Yiss 等人使用自主神经网络控制来仿真机器人的艏向运动控制，并进行了实验，达到了较好的控制效果。

国内虽然掌握了机器人控制系统的设计，但对于机器人的运动控制算法，工程上应用最多的是 PID 控制技术，也有学者对其他控制算法有一定的研究。哈尔滨工程大学的徐玉如教授[22]同研究生一起提出了基于 S 型隶属函数的模糊神经网络控制方法，仿真验证了其在水下机器人运动控制上的控制性能及优越性，并且使用网络权值学习算法，极大地提高了水下机器人控制器的运算速度。2009 年，博士研究生陈丹等人因为网络的时延及数据丢包问题影响运动控制的实时性，在从端设计了广义预测控制器来控制远端的 ROV 本体，解决了网络时延带来的运动控制问题。2002 年，中科院沈阳自动化研究所的赵晓光[23]等人运用模糊控制算法实现了 ROV 有障碍和无障碍的导航任务，并进行了仿真实验，发现 ROV 在进行轨迹跟踪时，遇到障碍物可以成功避开，并回到预定的航向及深度。

1.2.3 ROV 的发展趋势

ROV 因其操作方便、节约人工成本、工作效率高、可搭载各种传感器进行检测作业等优点，得到了迅速发展。因此，许多企业迫切希望将水下机器人融入水下安全检测技术中，以实现安全便捷、提高效益的目标。随着计算机技术、控制技术、导航技术及通信传感技术的不断发展，ROV 在水下复杂环境中自由工作的能力必将取得更大的进步。观察能力、负载能力、顶流能力、运动控制能力等均是水下机器人研究发展的方向，与此同时水面控制系统要求具有更简单的人机交互界面、更快速的数据处理以及更智能的操作模式，这样整套操作流程更加智能化，简化了人的操控作用。如今，虚拟现实、大数据等新概念的提出，吸引着水下机器人往虚拟智能操作、数据共享的方向发展，通过虚拟现实技术，让操控者体验水下环境。

ROV 技术在飞速发展，其主要方向表现在以下 7 个方面[24]：

1）向高性能方向发展。水下机器人的性能决定水下机器人的功能，随着对机器人控制系统及运动控制的深入研究，水下机器人的性能参数会越来越高，机器人应对水下环境的能力更强，操控系统更加便于操作。

2）向高可靠性发展。经过人们多年来对水下机器人的研究，机器人逐步向更高可靠性的方向发展。ROV 系统各个模块也更加稳定，ROV 上下位机通信随着计算机及通信技术的发展也更加趋向于系统的稳定可靠，从而提高了水下机器人的可靠性。

3）向小型化、消费级和人工智能的方向发展。机器人的应用范围正在扩大，为了满足消费者的需求，ROV 的价格会面向更多的客户，并且逐步向功能更完善的小型化方向发展。由于国际之间对水下机器人的研究合作，必将使得水下机器人拥有更高的自动化、智能化。

4）向更大作业深度发展。海洋拥有更深的海域，且深海域拥有更多的资源，国际上对深海的开发也日益精进，因此对水下机器人全海深的研发需要投入更多的项目基金及精力。

5）专业化程度越来越高。针对不同作业环境的机器人，其专业化程度会逐步增加。由于一款机器人不可能同时应用于多种作业环境，所以每款机器人的研发都会针对其特定的任务，但其可以搭载不同的传感器设备。

6）在保证系统稳定的条件下，努力提高机器人水下作业的能力。海洋资源虽然取之不尽、用之不竭，但是各国对海洋资源争先恐后的获取，才使得国家的经济更加繁荣，国家若想巩固国际地位，应研发更加高效的探索海洋的设备，这无疑会使 ROV 的工作效率大大提高，因此 ROV 技术将向着更加高效可靠的方向发展。

7）向虚拟现实、数据共享方向发展。随着虚拟现实、大数据等新概念的出现，引导着水下机器人向着新的行业方向发展。虚拟现实可以让用户体验水下环境，增加旅游乐趣；水下机器人在深海中通过传感器采集到的数据通过云盘保存，进行数据共享。

1.3 自主水下机器人（AUV）国内外研究现状

AUV（Autonomous Underwater Vehicle）是一种无缆的自主水下机器人，其与母船无连接，通过自身携带的高性能电池来进行能量供给。与有缆遥控水下机器人（ROV）相比，AUV 具有较大的活动范围，较强的环境适应性，较好的灵活性，同时 AUV 具有水动力外形良好、航行阻力小等优点。目前，AUV 已经得到了越来越多的关注，其特点与优势决定了它今后是水下机器人主要的研究发展方向。

当前，AUV 已经在军事和民用领域得到了广泛应用。包括海底资源勘探、海底地形测绘、远程中继通信、水下情报搜集等。自主水下机器人控制系统的设计成为 AUV 研制过程中一个最核心的问题，控制系统的优劣直接影响到整个水下机器人的性能，它类似于人的大脑，起着至关重要的作用，一个稳定可靠的控制系统是水下机器人完成预期任务和水下作业的前提和保证。

1.3.1 AUV 的研究现状

国外对于 AUV 的研究起步较早，技术也较为成熟，其中尤其以美国、英国、加拿大、俄罗斯、日本等国最为先进。20 世纪 50 年代末期，美国华盛顿大学应用物理实验室，开始研发世界上第一艘 AUV—SPURV[25]；20 世纪 80 年代以后，伴随着计算机、微电子、人工智能和致密新能源等高新技术的进步，以及海洋工业和军用领域的需求，AUV 引发了工业界、科研单位和军方的关注，得以快速发展；20 世纪 90 年代之后重新掀起了 AUV 的研究热潮；20 世纪 90 年代初期，美国麻省理工学院开发了六个 Odyssey AUV 并于 1994 年进行了冰下作业；进入 21 世纪，国外 AUV 的研发数量开始快速增加。以下对几种广泛采用的中大型 AUV 进行重点介绍。

REMUS 系列 AUV 由美国的伍兹霍尔海洋研究所设计，其包括 REMUS 100、REMUS 600、REMUS 3000 和 REMUS 6000 四种型号。图 1-17 所示为 REMUS 100 AUV，其采用锂电池进行供电，主要搭载 DVL、侧扫声呐、CTD、摄像机、超短基线定位系统等设备。REMUS 100 AUV 主要担负水文调查、反水雷、港口安全作业、海上搜救等任务。REMUS 100 AUV 能够在浅水区进行快速水雷侦查，对水雷进行识别与定位，并将相应数据传送给控制人员。其在 2003 年的伊拉克战争中被美国海军用于进行近海海域的反水雷任务。

图 1-17　REMUS 100 AUV

图 1-18 所示为由美国的 OceanServer 公司制造的 Iver2 AUV。Iver2 AUV 最大工作深度为 100m 并可连续 24h 工作。作为当前市场占有率最大的 AUV，其被广泛地应用于海洋资源勘探、数据采集、环境调查、水下目标物体搜寻等领域。

图 1-19 所示为由日本的东京大学研究和开发的 r2D4 AUV[26]。其长 4.6m，最大下潜深度 4000m，采用光纤惯导和 DVL 相结合的导航方式，装备有侧扫声呐、水下摄像机、3 轴磁力计、pH 仪、热流仪等多种传感设备。其主要被用于民用领域，担负着海底地形构造探查、深海矿产调查、海水层大范围监测等任务。

图 1-18　Iver2 AUV

图 1-19　r2D4 AUV

由英国南安普敦海洋研究中心于 1996 年研制成功的 Autosub AUV，其长 7m，直径 0.9m。重 1.5t，最大下潜深度 1600m，如图 1-20 所示。其装有惯性导航系统和多普勒声呐计程仪，组合导航定位精度达0.2%。同时还配备有MRU6姿态传感器、深度传感器、多波束测深声呐、海流剖面声速仪等多种传感器。Autosub AUV主要用于民用领域，其使命为探索地球两极冰架的海洋环境及其对全球气候的影响。

图1-21所示为由加拿大的国际水下工程公司于2004年在ARCS AUV基础上研制成功的Explorer AUV，长4.5~6m，直径0.69~0.74m，重750~1250kg，最大下潜深度达5000m。配备有光纤陀螺仪、多普勒声呐计程仪、GPS、超短基线阵定位系统、深度计、前视声呐、水声通信链、无线电通信链和卫星通信链等多种设备。该自主水下机器人主要担负海洋水文和地形调查、环境数据监测等任务。

图1-20 Autosub AUV

图1-21 Explorer AUV

国内对于AUV的研究起始于20世纪90年代，相较于国外起始与发展较晚，主要集中于高校和科研机构，如沈阳自动化研究所、哈尔滨工程大学、上海交通大学、中船702所等。图1-22所示的“探索者”AUV为沈阳自动化研究所、中科院声学所、上海交大等机构于1994年研制成功的我国的第一台AUV，它可以实现1000m的下潜深度，活动范围达到12n mile，续航能力达6h。“探索者”号配备有多台声呐，能够在设定海域进行目标搜寻与数据和声呐图像保存，同时其还具备水声通信能力，可以将需要的数据与图像上传至水面控制台进行显示。图1-23所示为由沈阳自动化研究所带头研制的“CR-01”大型AUV[27-28]，“CR-01”AUV可下潜至6000m，续航时间达到10h，它的研制成功标志着我国具有了进行深海细致勘探的能力。1995年8月“CR-01”AUV潜入南太平洋海底，对海底的矿物资源进行了探测与分析，得到了大量关于海底矿产分布的资料。

图1-22 “探索者”AUV

图1-23 “CR-01”AUV

“智水”系列AUV是由哈尔滨工程大学、华中科技大学、中船重工702所和709所合作研发的 AUV。"智水Ⅲ" AUV 如图 1-24 所示，该系列 AUV 主要用于军事领域，具有自主识别水下目标的同时绘制出目标模型图的能力，能够进行自主规划安全航行路线、模拟清除可疑目标和海底区域性扫雷等作业[29]。

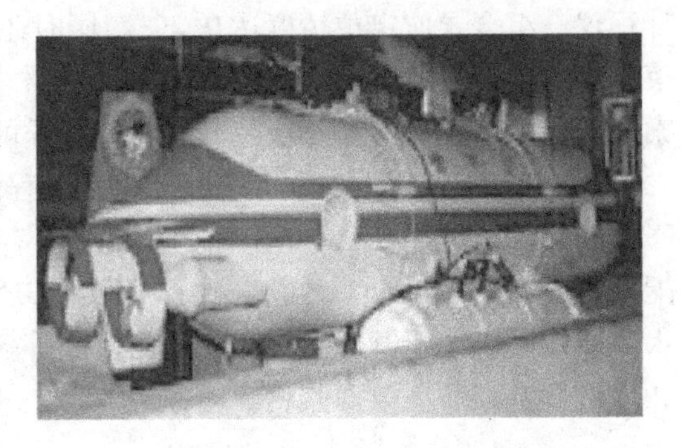

图 1-24 "智水Ⅲ" AUV

1.3.2 AUV 运动控制研究现状

目前 AUV 控制系统包括集中式控制系统与分布式控制系统两种[30]。随着 AUV 执行任务的复杂化，其搭载的设备不断增加，导致控制系统的结构越来越复杂，采用分布式控制结构的自主水下机器人已成为当前发展的主流方向，当前中大型自主水下机器人上普遍采用分布式控制系统结构。分布式控制系统一般包括水面监控单元、主控单元与执行单元几大部分。水面监控单元进行任务的下达与机器人运行状态的监控；主控单元依据任务情况与采集到的传感器数据产生相应的决策指令；执行单元通过包括运动控制单元、导航定位单元与信息测量单元几部分，负责指令的执行和环境数据的收集。

运动控制单元在 AUV 控制系统中处于一个极其重要的位置。其在 AUV 定深定向、动力定位、航迹跟踪等航行使命的实现中具有重要作用。当前常用的运动控制算法有 PID 控制、滑模控制、自适应控制、模糊控制与神经网络控制等。由于 AUV 建模的复杂性和模型传递函数的不精确性，目前在实际应用中通常采用的是 PID 控制算法。PID 控制作为一种结构简单、实现容易、稳定性好的控制器，其在工程中有着广泛的应用，其缺点是需要被控对象抽象出较为精确的数学模型。目前已经有学者将 PID 控制算法与其他控制算法相结合用于 AUV 控制中[31]，如日本的"AQUA"自主水下机器人将模糊控制与 PID 控制相结合，利用模糊控制算法不需要被控对象精确模型的特点来改善 PID 控制算法。

AUV 按照控制技术可分为预编程与智能型两种[32]。预编程指 AUV 按照预先编制的程序执行水下航行使命。采用预编程的 AUV 具有一定的自主性，但不具备随着环境变化而进行自主决策的能力。智能型 AUV 可以建立未知环境模型并根据模型做出规划与决策。目前 AUV 主要采用预编程的方式，智能型水下机器人比较复杂，是当前学术界研究的重点方向。

1.3.3 AUV 导航定位技术研究现状

过去数十年，科研人员对 AUV 自主导航进行了深入研究，发展出多种水下导航定位技术，主要有：

1）惯性导航系统（INS）：信息完备，自主性强，但误差会随时间不断增长，难以满足远距离、长时间的导航定位要求[33]。

2）全球定位系统（GPS）：定位精度高，但 AUV 进行水下运动时，无法接收卫星信号，不能进行深海导航[34]。

3）水声导航系统：包括超短基线定位声呐（USBL）、短基线定位声呐（SBL）和长基线定位声呐（LBL），能够得到 AUV 在浅海环境下的相对定位，而且这种导航方式的前期工作量很大，所以只适合用于短距离导航[35]。

4）航位推算系统：AUV最常用的导航方法，根据前一时刻的速度、加速度和航向等传感器信息推算出当前时刻的位置，因此该方法需要AUV搭载多种高精度导航传感器，否则会与惯性导航一样不断累积定位误差[36]。

综合考虑以上导航定位技术的优缺点，在AUV进行环境地图已知的实际工程应用时，将采用由GPS、光纤惯导、多普勒及深度计组成的多传感器组合航位推算方法进行AUV自主导航，但要实现AUV在未知环境中的完全自主导航定位则必须要依靠SLAM算法。

SLAM算法是由机器人自主导航需求而发展出的，在AUV的作业环境未知且AUV的自身位置不确定时，通过SLAM算法，利用携带的声呐、摄像机等声视觉传感器重复多次观测环境中的特征目标，能够确定AUV自身的位置，以及完成对未知环境地图的实时构建[37]。

1.3.4 AUV声呐目标跟踪研究现状

由于水对光电等信号的吸收比率比在空气中要高得多，而对声波信号的吸收比率较低且声波信号在水中的传输速度比在空气中快得多，这就导致基于声呐的探测手段是水下环境特别是深海环境中进行探测的主要手段[38-39]。声呐系统作为AUV的眼睛，对于AUV实现避障、导航、水下信息探测等功能都有着不可取代的作用。除此之外，由于水下运动物体有可能是我们感兴趣的目标或者成为水下机器人的潜在威胁，因而对运动物体进行准确有效的跟踪对水下机器人执行对应的探测任务和确保水下机器人的安全航行都有着非常重要的意义。基于声呐的运动目标跟踪技术作为水下目标检测与追踪的重要手段，对其进行深入的研究能够积极地推进AUV技术的进步，从而更好地为人类走向深海服务。

声呐目标跟踪通常包括图像增强、目标检测、特征提取与识别、目标跟踪几个步骤。由于水下环境复杂，噪声干扰较多，同时声呐图像的分辨率与数字图像相比较要低得多，故而首先需要对采集的声呐原始图像进行图像增强处理，削弱图像产生和转换过程中的噪声干扰，突出感兴趣的图像区域。目前常用的声呐图像增强方法有灰度变换、中值滤波、直方图修正等[40]。目标检测的作用是将运动目标从背景中分离出来，这是进行目标跟踪的前提，目前常用的目标检测方法有背景差分法、帧间差分法、光流法等[41-45]。获得运动目标之后需要进行特征提取与识别，以便于目标的建模与跟踪。常见的图像特征有形状特征、矩特征、投影特征等。文献［46］采用了一种基于弦中点的Hough变换椭圆特征提取算法，文献［47］采用了基于不变矩特征的特征提取方法。

对于声呐运动目标的跟踪研究始于20世纪70年代，但直到90年代才成为各高校、科研机构与相关公司的重点研究方向。当前已经有众多学者投入到了声呐目标跟踪的研究中并取得了大量的成果。英国Sunderland大学的Harry R. Erwin依据仿生学原理，将蝙蝠捕食模式移植进声呐目标的跟踪中。美国卡耐基梅隆大学的Marcelo G. S依据贝叶斯法则建立新的模型完成了声呐的多目标跟踪[48]。文献［49］采用卡尔曼预测器进行水下目标跟踪。文献［50］采用了一种改进的高斯粒子滤波算法进行声呐目标跟踪。

当前，在声呐目标跟踪中还存在以下问题：首先，当前一般都是针对水池中的运动目标进行的检测与跟踪，很少有对海中采集的真实数据进行的试验。静水中环境较为简单，噪声干扰较少，可以用各种方法对背景进行建模，对运动目标的检测与跟踪较为容易。而在海上噪声干扰多，声呐本身也在运动，因此背景不断发生变化，对背景进行建模困难，难以准确地进行目标检测。其次虽然前视声呐的跟踪在算法上已经取得了一定的成果。但是由于不同型号的声呐在成像的特点和设计制造上存在差异，目前还没有一套通用的目标跟踪系统，只能够针对具体情况具体分析。

1.3.5 AUV 发展趋势

AUV 由于自身具备实时性好、灵活方便、安全高效等诸多优点，在水下作业中已经获得了广泛的使用。由于未来 AUV 需要朝着深海远海方向发展，这对其性能给出了更高的要求。AUV 应具备以下几点发展趋势：

1）更加自主化。更加自主化要求 AUV 朝着更加智能的方向发展。这主要包括导航与定位、目标识别与跟踪、自主学习、轨迹跟踪、路径规划等技术。可以通过软件和硬件两方面对 AUV 的自主化进行提升。在软件上主要通过对 PID 算法、模糊控制算法、神经网络算法、滑模算法、粒子滤波算法等跟踪控制算法的结合与改进来提升 AUV 的智能化。在硬件上需要研发更加高效精确的传感器，这包括导航传感器、声学传感器、定位传感器等。只有拥有了可靠的硬件设备才能在此基础上进行智能算法研究。

2）更加标准化与模块化。为提升 AUV 的水下工作能力以及通用性，需要对 AUV 的各种设备接口、电气规范、通信方式等制定统一的标准。与此同时，目前分布式的控制系统架构是 AUV 的主流发展方向。AUV 的分布式控制体系通常包括水面控制单元、运动控制单元、信息测量单元、导航定位单元等几部分。分布式控制体系大大提升了 AUV 整体工作效率，有助于实现 AUV 的模块化。

3）集群化。由于单个 AUV 的作业能力较为有限，因此在完成复杂的任务时往往需要多个 AUV 进行联合作业，每个 AUV 各自担负自己的任务，AUV 彼此之间可以通过水声通信的方式实现信息交互。AUV 的集群化也使得作业效率大大提高。

4）能源的高效化。随着人类对海洋探测与开发的不断深入，水下机器人需要执行的任务变得越来越复杂，这对其续航能力提出了更高的要求。由于 ROV 通过岸基单元经脐带缆直接进行供电，所以无须考虑续航问题。而 AUV 的整个控制系统与相关设备都需要通过自身携带的高密度电池进行供电，且所携带的电池往往占据了整个 AUV 较大的体积与质量，因此，开发出体积与质量更小、容量更高的电池，实现能源的高效化成为了 AUV 亟待解决的问题。

5）向更大作业尺度发展。海洋面积的巨大，使得人类探索的脚步不能停止，这就需要 AUV 能够在更大尺度作业。

6）向高可靠性发展。AUV 技术逐渐成熟，往后将着重于控制系统的优化升级和提高抗干扰作业水平，使 AUV 更加安全可靠。

7）发展军用小型 AUV。为了适应海底地形的复杂性，需要更加轻便灵活的小型 AUV 来进行特种军事作业。

思考题

1. 水下机器人有哪些种类？分别有什么特点？

2. AUV和ROV分别适用于哪些领域？请举例说明。

3. 水下机器人获取信息的手段有哪些？各有何优劣？

4. 当前水下机器人的发展趋势有哪些？

5. 虽然水下机器人在我国飞速发展，但是仍与国外水下机器人有一定差距，查阅文献资料，分析我国与国外水下机器人领域的差距在什么地方，又存在哪些优势？

第2章 水下检测机器人（ROV）[1]总体方案与结构设计

2.1 引言

水下机器人产业的发展给深海探索带来便利的同时，也为水下结构体的安全检测提供了可靠性的帮助。本文设计的水下机器人下潜水深300m，虽不能用于深海观测，但却可以为船舶、大坝、水产养殖等浅水域安全检测工作带来保障。

2.2 总体方案设计

水下（安全）[2]检测有缆遥控机器人的研发需要可行的设计方案。在大量调研水下机器人发展现状、趋势及研发设计理论的基础上，根据水下安全检测项目技术指标的要求，制定了ROV总体设计方案。设计方案包括水面控制台、电源柜、脐带缆及水下机器人本体设计的内容。

2.2.1 设计思路

考虑到ROV的特殊应用场景和实际测试环境，ROV的水面控制系统要求小巧灵便，各部件应小型化设计以提高水下机器人的便携性。水面控制系统采用控制台加电源柜的设计，操作时将控制台放置在电源柜顶部，既方便接线，又美观大气。电源柜输入/输出增加交直流滤波器，防止因功率过大产生的电磁干扰。控制台由工控机及摇杆、旋钮、开关按键组成，用于直接控制水下机器人本体。

脐带缆是连接水面控制系统与水下控制系统的介质，它为控制系统提供电力传输，也用于控制系统的通信。脐带缆的长度过长，损耗会较大，因此将脐带缆的横截面积加大，并采

---

[1] 水下检测机器人是遥控水下机器人（Remotely Operated Vehicle，ROV）的一种，本章为了叙述方便，采用“水下检测机器人（ROV）”的叫法。

[2] 水下检测机器人的主要功能是检测水下设备安全，添加“安全”二字是为了突出其功能性。

取电源柜升压、水下稳压电源模块降压的方法来减小脐带缆的损耗。通信介质选择光纤，这样信号稳定，传输速率快。

ROV 本体设计方案选用主控制芯片和从控制芯片共同作为处理器进行数据处理和部件控制。由于水下机器人摄像系统数据量大、实时性要求高，如果通过单片机传输数据可能会导致数据丢失、传输慢等故障，因此摄像头图像数据和控制系统通信采用不同 IP 地址进行网络通信传输，并且传输介质选择光纤，提高效率和可靠性。水下控制系统的所有电源设计均采用隔离电源，这样使得舱内各个模块工作时不会互相干扰。系统安装安全报警模块，由硬件电路进行数据采集，时刻监视漏水、温湿度、电压电流和深度等实时参数。对于大功率的推进器的驱动，采用基于 MOS 管的分立元件搭建，以提供足够的功率输出，信号采用光电耦合器隔离，确保系统安全稳定运行。惯性导航模块使用基于 MEMS 技术的器件，这种导航设备体积小、精度高，适用于水下机器人系统。对于报警信号等关键信息，设计数据保存模块，以便事后分析使用。

2.2.2　技术要求

1）操控台采用按键和摇杆发送指令控制 ROV 本体在水下浮游检测，采集摄像头清晰的图像，并实现抓拍录制视频的功能。

2）能够在水中实现上浮下潜、进退、转艏、横滚等多自由度灵活运动，能够实现定深、定航及定横滚动作。

3）能够实时采集舱内各个传感器的信息，时刻监测舱内温湿度及漏水情况。

4）配备 VR 眼镜接口。

水下安全检测机器人采用封闭式流线型结构设计，最大下潜深度为 300m，主要设计的技术参数如表 2-1 所示。

表 2-1　ROV 关键技术参数

对　象	指　标
结构型式	封闭式
设计尺寸/mm	550 × 500 × 370
最大工作水深/m	300
最大航速/kn	4（约 2m/s）
空气中净重/kg	12
脐带缆长度/m	400
电源	220V 交流电
水下推进器	垂向 2 个、纵向 2 个
传感器	深度计、惯性导航、漏水检测、温湿度
照明及观测	球型高清摄像机、云台功能、自动对焦；20W 水下 LED 灯 2 只

2.2.3　总体结构组成

水下安全检测有缆遥控机器人主要由 4 个部分组成：水面控制台、电源柜、脐带缆及绞车、ROV 本体，如图 2-1 所示。水面控制台是控制 ROV、监测水下环境的重要工具，ROV

的各种运动姿态、水下灯的控制、云台摄像头采集的图像数据均由水面控制台来实现；电源柜给 ROV 及水面控制台提供动力，保证水下机器人具有充沛的能源；脐带缆是连接水面控制系统与水下控制系统的介质，它在水中重力与浮力相等；ROV 本体是整个控制系统的核心部分，它在水下实现结构物观测及环境监测的功能。

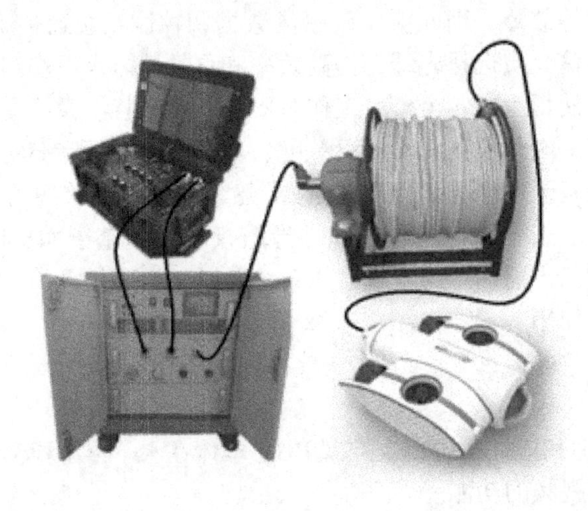

图 2-1　ROV 的组成

2.3　本体结构设计

水下检测机器人本体结构设计较为烦琐，需要满足许多条件，如耐压、防水、静态平衡及动态平衡等，这些都要满足机器人运动控制的要求。考虑到机器人是由各个模块组装而成，并且每个模块可以根据机器人特定的任务进行更换，或者模块损坏直接更换不影响整个控制系统的正常运作，采用模块化设计方法，能够使得机器人具有良好的可维护性及扩展性。

2.3.1　总体布局与模块化设计

水下安全检测机器人本体拥有丰富的资源，如图 2-2 所示，此款小型 ROV 总体结构布局由 7 个部分组成：①为外壳；②为内部框架；③为耐压电子舱；④为配重模块；⑤为推进系统；⑥为照明灯；⑦为摄像云台。

可见，此款 ROV 结构部分主要由框架模块、外壳模块、耐压电子舱、推进器模块、照明模块及配重模块组成，各结构模块的尺寸、重量等性能参数及其作用如表 2-2 所示。

图 2-2　ROV 总体结构布局

表2-2　ROV各结构模块基本参数

模　块	名　称	功　能	尺　寸	重量/kg	性能参数
	框架模块	构成ROV的基本平台	364mm×425mm×152mm	1.12	采用ABS工程塑料和6061-t6铝合金
	外壳模块	流线型设计减小阻力	550mm×500mm×370mm	1.91	采用ABS工程塑料
	耐压电子舱模块	实时拍摄分配电力和控制信号	长446mm 直径155mm	5.15	耐压水深300m
	推进器模块	ROV的姿态运动来源	每个推进器长131mm 直径100mm	1.69	最大推力5.1kgf①
	照明模块	辅助照明	长70mm 直径43mm	0.4	亮度1200 lm
	配重模块	调节静稳态	170mm×125mm×92mm	2.2	浮体密度0.2g/cm³ 配重密度7.8g/cm³

①　1kgf=9.80665N。

模块化设计是现在及未来水下机器人的发展方向之一，模块的更换使得整套系统维护更加方便，并且其成本低，保障ROV系统高效地多功能应用。

2.3.2 动力推进系统方案设计

水下安全检测机器人可以在水中浮游观测，它的浮力略大于重力，使得其在静态时浮于水面，若要机器人在水中浮游前进，需要借助推进器的推力。

ROV 本体共布置了 4 枚推进器，其中尾部布置两枚纵向推进器，其输出推力沿 X 轴向，以 FT1 和 FT2 表示；中部布置两枚垂向推进器，其输出推力沿 Z 轴向，以 FT3 和 FT4 表示。

这 4 枚推进器组成了 ROV 的动力模块，使 ROV 能够实现 X 方向进退、Z 方向升沉、绕 X 轴翻转、绕 Z 轴原地回转等动作。推进器推力分配示意图如图 2-3 所示。

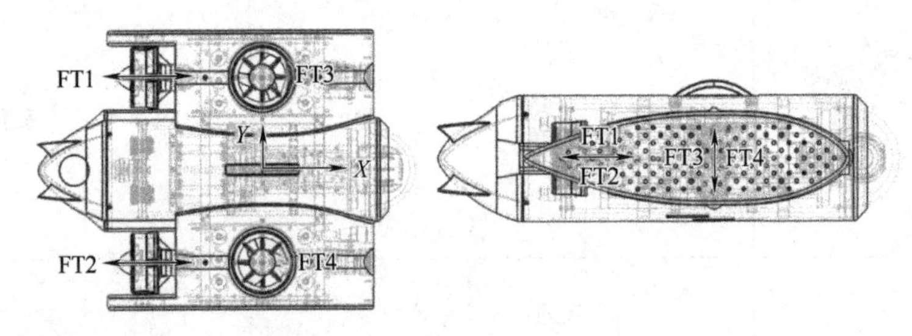

图 2-3 推进器推力分配示意图

表 2-3 给出了 ROV 在不同自由度航行时推进器的推力分配比例。数值表示推力大小，“1” 表示满载工作，“0” 表示不工作；正负号表示推力方向。

表 2-3 机器人运动推力分配

航行工况推进器	FT1（后左）	FT2（后右）	FT3（垂左）	FT4（垂右）
进退	0.95	1	0	0
升沉	0	0	1	1
转艏	1	-1	0	0
翻转	0	0	1	-1
进退+升沉	1	1	1	1
进退+转艏	0.75	1	0	0

2.4 关键部件选型及研制

2.4.1 水下推进器选型

水下安全检测机器人主要的运动姿态都是由推进器来驱动的，因此推进器是 ROV 完成浮游作业任务的核心部分。推进器最重要的参数就是其所能提供的推力，若推力小，机器人在水下顶流作业时容易被水流冲走，很难达到对机器人定位作业，严重影响机器人的稳定性。水下安全检测机器人本体需要 4 枚推进器，中间垂向两枚，尾部纵向两枚，主要用于达成机器人 4 个自由度的运动，即进退、升沉、转艏和横滚。结合项目研发 ROV 的性能要求，采用 T200 型小型推进器，如图 2-4 所示，该款推进器具有体积小、质量轻便、推进效率高、推力大等优点，单个推进器的最大推力可达 50N，具体参数如表 2-4 所示。

表 2-4　推进器基本参数

尺寸/mm	重量/kg	工作水深/m	最大推力/N	电压	满载功率/W
ϕ94 × 113	0.38	500	50	DC6 ~ 20V	350

此款推进器使用无刷直流电动机驱动螺旋桨，采用密封胶对电动机定子进行防水抗压处理，成功完成工作水深 500m 测试，且其在最高转速时，推力可达 50N，远远超出小型机器人的应用范围。推进器在 ROV 本体上的分布如图 2-5 所示，尾部纵向的两个推进器只需改变推进器力的作用方向，就可以实现机器人的前进后退及转艏功能；中间垂向的两个推进器改变力的作用方向可实现水下机器人的上浮、下潜及翻转运动。

图 2-4　推进器

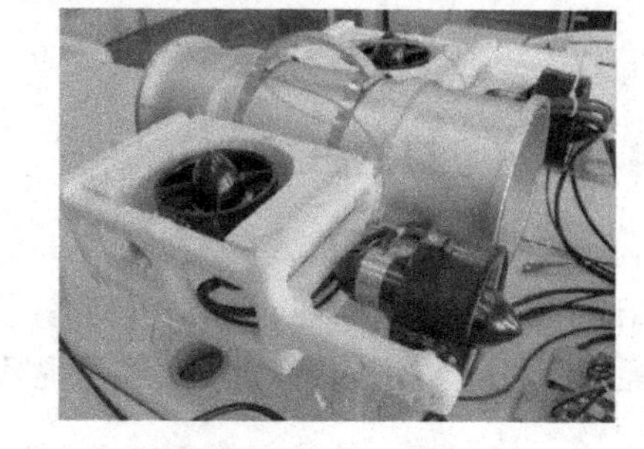

图 2-5　实物图

2.4.2　云台摄像机选型

水下安全检测 ROV 最重要的模块莫过于摄像系统，摄像系统直接决定 ROV 采集水下视频图像的清晰度，带有云台功能的摄像机可以使机器人的视野更加宽阔。本水下检测机器人配置的是球形摄像头，如图 2-6 所示，将其置于耐压电子舱中，头部使用亚克力球罩将其密封，便可适用于 ROV。此款球形摄像机的具体参数如表 2-5 所示。

表 2-5　云台摄像机技术参数

传感器类型	1/2.8in CMOS
传感器有效像素	1920 × 1080
调整角度	水平：0° ~ 355°　垂直：0° ~ +90°
最大红外距离	30m
镜头焦距	2.8 ~ 12mm
变焦类型	自动变焦
供电	DC12V
功耗	<4.3W
工作温度	-30 ~ +60℃
尺寸	ϕ122mm × 89mm
重量	0.5kg

注：1in = 0.0254m。

考虑选择此型摄像机的因素还包括其直径较小，如图 2-7 所示，云台摄像机的外径略小于耐压电子舱的内径，符合 ROV 耐压电子舱的设计要求。

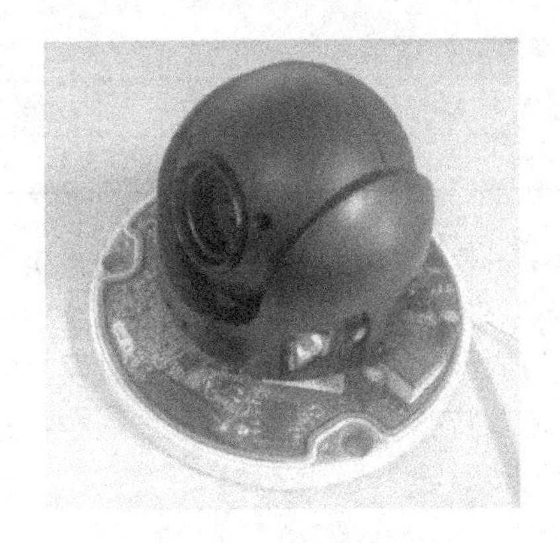

图 2-6　云台摄像机图

图 2-7　云台摄像机安装

2.4.3　水下灯的研制

光照射进水中后衰减很快，在 30m 以下的清水中亮度就已经十分微弱了，很难观察到水下结构物，因此水下 300m 的结构物需要借助照明设备进行观测。ROV 搭载两只水下灯，用于照亮周围环境，便于摄像机采集图像视频。图 2-8、图 2-9 所示为水下灯最终设计实物图。

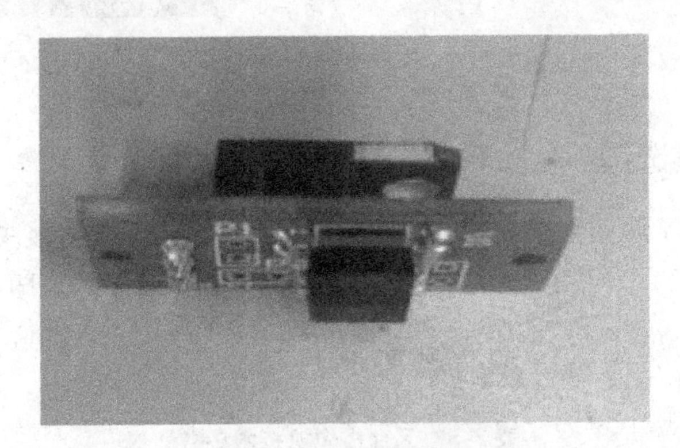

图 2-8　驱动实物图

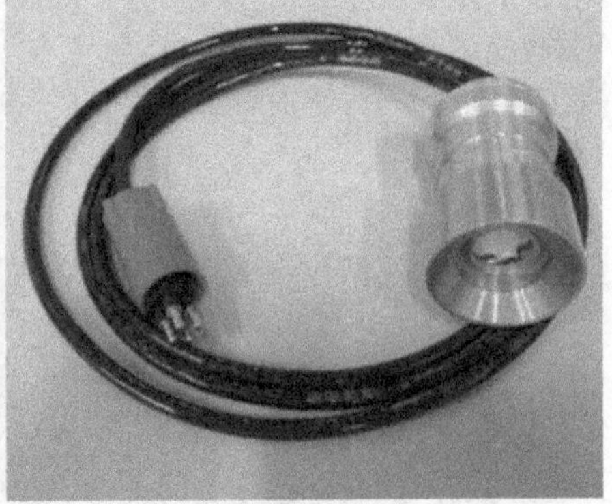

图 2-9　水下灯实物图

水下灯输入直流电压为 13.8V，通过 PWM 来调节水下灯的亮度，具体参数如表 2-6 所示。

表 2-6　水下灯基本参数

输入电压	调光方式	功　率	色　温	亮　度
DC12～16V	PWM	20W	5500K	2000lm

2.4.4　脐带缆及绞车设计

脐带缆是连接水面控制系统与水下控制系统的介质，它既用作电力传输，又用于数据通信，更可以防止 ROV 本体丢失，作为机器人的安全保护。脐带缆外皮是聚氨酯防磨层，中间是发泡层，中心为缆芯和单模铠甲光纤，其扯断力达到 500kg，当机器人在水中出现故障时，即使有暗流的作用，通过脐带缆也可以将其拖拽上来。

脐带缆的具体参数如表 2-7 所示。水下机器人下潜深度为 300m，脐带缆共长 400m，这样保证机器人在水面能够拥有 400m 的航行半径。

表 2-7　脐带缆基本参数

密　度	缆外径	扯断力	电源线材料	通信材料
1.0（1±5%）g/cm^3	15mm	500kg	无氧铜	单模光纤

电力传输的两根电源线截面积为 $1.5mm^2$，这样可以保证线缆上的损耗小，而且线缆不能够太粗，否则会拖拽机器人，导致机器人难以完成姿态运动。脐带缆中电缆的损耗计算如下：

电缆采用铜芯线设计，所以电缆的导体电阻为

$$R = 2\rho L/S = 9.33\Omega \tag{2-1}$$

式中，R 为铜芯线的内阻；ρ 为铜芯线的电阻率，$\rho = 0.0175\Omega \cdot mm^2/m$；$L$ 为脐带缆长度；S 为铜芯线的截面积。

因为水下机器人单个电源模块的功率为 500W，且机器人上共安装 3 个电源模块，所以其最大消耗功率 P 小于 1500W，具体功率消耗如表 2-8 所示。

表 2-8　模块功率

模　块	个数/个	功率/W
推进器	4	350
水下灯	2	20
摄像头	1	24
光电转换器	1	9
主控制板	1	<10
从控制板	1	<6

电源模块的输入电压 U_i 范围为 DC200～420V，输出电压 U_o 为 DC13.8V，当且仅当 U_i 为 200V 时，电缆损耗 $P_{线}$ 最大，即

$$U_{\mathrm{i}} = 200\mathrm{V}$$

$$I = \frac{P}{U_{\mathrm{i}}} = 7.5\mathrm{A} \tag{2-2}$$

$$P_{线} = I^2 R = 524.8\mathrm{W}$$

从而线缆上的最大分压 $U_{线}$ 为

$$U_{线} = IR = 7.5\mathrm{A} \times 9.33\Omega \approx 70\mathrm{V} \tag{2-3}$$

机器人及线缆消耗的总功率为

$$P_{总} = P_{线} + P = 524.8\mathrm{W} + 1500\mathrm{W} = 2024.8\mathrm{W} \tag{2-4}$$

因为脐带缆较长，收放缆较为烦琐，因此采用绞车作为收放系统。如图 2-10 所示，绞车需要安装光电滑环。

图 2-10　脐带缆及绞车

2.5　本章小结

本章介绍了水下安全检测机器人的总体方案设计及其结构组成，提出了水下机器人的设计技术要求，较为全面地阐述了 ROV 本体各个模块的基本参数及功能，最后介绍了机器人关键部件的选型及研制。

思考题

1. 本章设计的水下安全检测机器人的外形是流体式的，请问这与开架式的设计在外形和功能上有什么不同？简要说明。

2. 本章的动力推进系统是由 4 个推进器组成的，请查阅资料找出不同的水下机器人的推进系统，并且说明推进器的分布位置及是如何配合控制水下机器人的前进后退、上浮下潜等运动的。

3. 本章中的云台摄像头选择的是网络摄像头，请简述一下网络摄像头和串口摄像头各有什么特点，综合考虑一下，你认为水下机器人应该选择什么类型的摄像头？

4. 脐带缆的主要功能有哪些？本文的水下机器人使用的脐带缆有哪些功能？

5. 光电滑环是什么？

第 3 章 水下检测机器人（ROV）控制系统硬件设计

3.1 控制系统结构与原理

水下安全检测机器人的控制系统主要由两部分组成：水面控制系统和水下控制系统，其控制系统结构如图 3-1 所示。

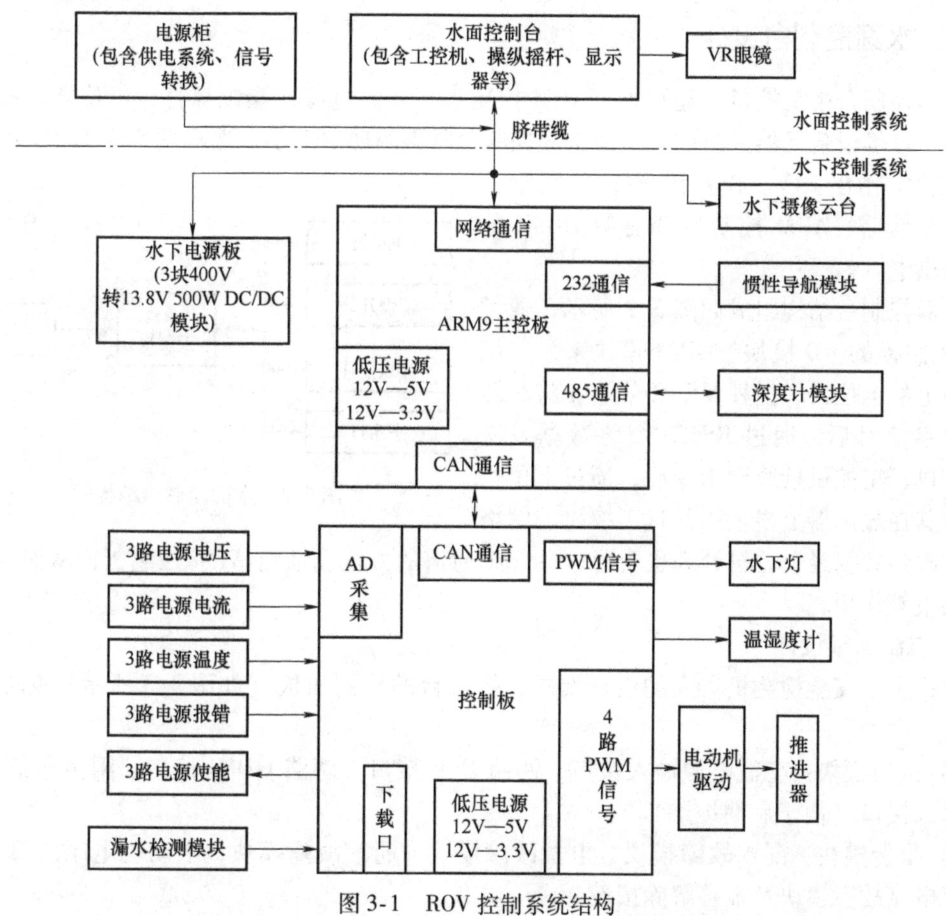

图 3-1 ROV 控制系统结构

从系统结构图中可以看出，水面控制系统包括电源柜和水面控制台。电源柜为水面控制台和水下控制系统提供电力输送，保证系统拥有源源不断的能源；并且电源柜中放置光电转换器，将脐带缆的光信号转化为电信号，通过通信接口连接水面控制台，实现数据交互。水面控制台是完成人与机器人交互的重要工具，操作员通过水面控制台实现对 ROV 本体的控制及监控。

水下控制系统是机器人的核心，主要由两块控制板构成。水下控制系统接收水面控制系统的控制指令，完成相应的运动，并将各个传感器采集的信息通过网络通信的方式上传至水面控制台。两块控制板的外围电路模块包括电源模块、电动机驱动模块、惯性导航模块、深度计模块、漏水检测模块等各种传感器模块。

3.2 水面控制系统设计

一套优秀的控制系统需要拥有一套简单实用的人机界面，ROV 水面控制系统是人机交互的重要部分，人们也更加注重水面控制系统的安全性、可靠性和友好性。安全性是指操纵人员在操纵水下机器人运动过程中的人身及机器安全；可靠性是水下机器人控制系统的重要指标，保证了 ROV 能够长时间在水下环境中完成相应运动指令；友好性是指操纵界面设计更加人性化，能够突出重点，符合常规的交互系统。

3.2.1 水面控制台设计

水面控制台由工控机、显示器、ARM 控制板、开关电源、操纵摇杆、电位器、按键开关及指示灯等设备元器件组成。考虑水面控制台所需的功率大小，选择功率为 150W 的开关电源，稳定输出 24V、12V 和 5V，分别给工控机、显示器、ARM 控制板和有源 HDMI 分配器等供电。

水面控制台结构组成如图 3-2 所示，通过 ARM 控制板的 AD 模块、GPIO 模块来采集控制面板上的电位器、摇杆及开关信号，将其转换为数字信号后，通过 RS232[23] 将数据发送至工控机，工控机接收到指令后，通过上位机软件将其在显示器上显示；并且工控机的网络接口接收到数据经上位机处理也会通过 RS232 通信的方式反馈给 ARM 控制板，从而实现指示灯的报警作用。

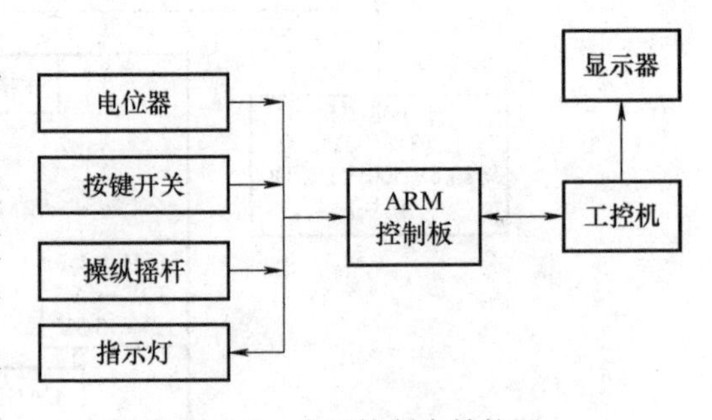

图 3-2　水面控制台结构图

1. 控制面板设计

根据水下安全检测机器人的设计要求，控制台的控制面板（如图 3-3 所示）包括以下模块：

1）接口模块：交流电源输入接口、两路 USB 接口、两路 HDMI 接口、网络通信接口、声呐输入接口（便于后期扩展）。

2）报警模块：漏水故障模块、电源故障模块、通信故障模块、电动机电压故障模块、电动机电流故障模块及报警解除按键。

3）机器人姿态控制模块：左侧霍尔摇杆（控制 ROV 直航、横移运动）；右侧霍尔摇杆（控制 ROV 上浮、左横滚、右横滚及左右转艏运动）。

4）电位器及开关：云台上下控制、云台旋转控制、调焦控制、水下灯控制旋钮；定航、定深开关；视频录制、拍照开关等。

5）电源开关及急停按钮。

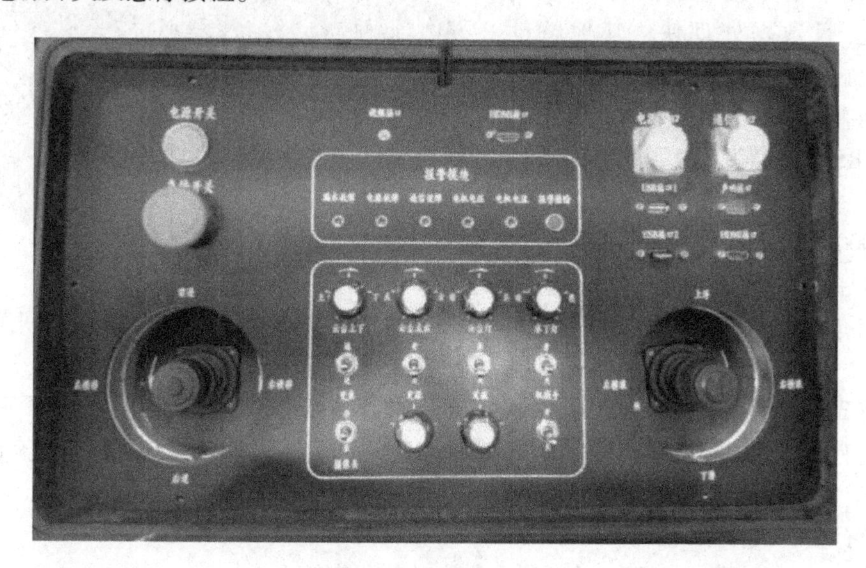

图 3-3　控制面板

ARM 控制板与工控机之间采用 RS232 通信方式，使用美信公司的 MAX232 转换芯片，将其转化为 RS232 串口信号直接与工控机的 DP 接口相连。图 3-4 所示为 ARM 控制板部分实物图。

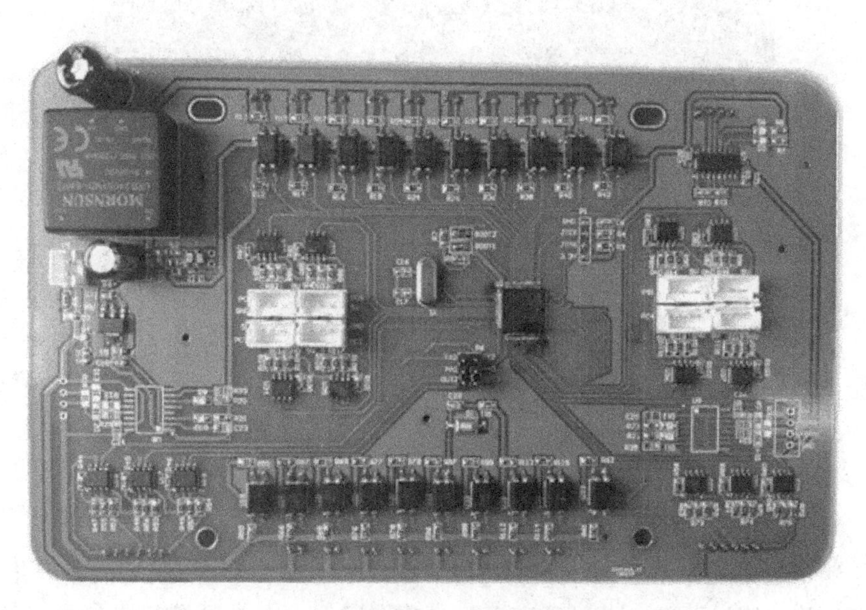

图 3-4　ARM 控制板部分实物图

2. 工控机选型

水面控制台配备 VR 眼镜，需要扩展 HDMI 接口，VR 眼镜对工控机的配置需求较高，因此工控机最终采用高配置工控机 UNO-2184G，它采用无风扇散热设计模式，可安装各种操作系统，如图 3-5 所示。UNO-2184G 的处理器使用 Intel 公司的酷睿 i72655，其配置高，且数据处理快，其他特征如下：

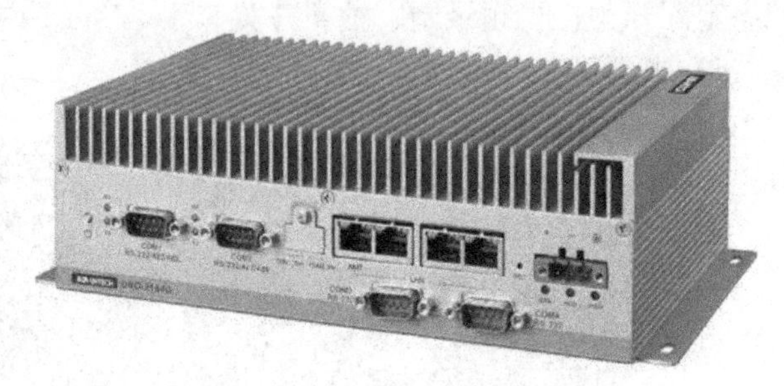

图 3-5　工控机

1）拥有多达 4 个串行接口，其中有两路专用 RS232 通信，满足控制面板信号采集与工控机的通信；拥有 4 个 Intel 10/100/1000Mbit/s 网络接口，满足上位机与下位机的网络通信。

2）拥有 6 路 USB 端口，可安装 USB 设备（如鼠标、键盘等），对上位机界面进行操作。

3）有 3 种显示类型接口：DVI、DisplayPort 和 HDMI，方便显示器连接及 VR 眼镜扩展。

4）拥有很宽的温度工作范围，低温可达 -10℃，高温可达 60℃，并且外面有散热片包裹，适用于多种复杂环境。

5）支持多种操作系统（Linux[24] 和 Windows 等）和驱动程序。

6）DC9 ~ 36V 宽供电电压，功耗低，最大功耗只有 30W。

3. 控制台组装布局

工控机、开关电源、有源 HDMI 接口等都放置在防爆箱中，布局如图 3-6 所示。

图 3-6　控制台内部布局

开关电源与工控机对 ARM 控制板会造成干扰，导致数据跳变，机器人会因此接收到错误指令，所以将控制板固定于控制面板背面，如图 3-7 所示。这样既节省布线，节约布局空间，又避免导线过长引起信号干扰。

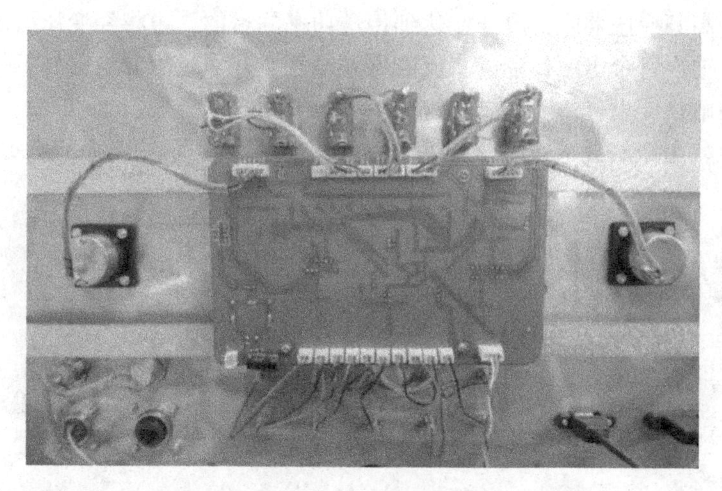

图3-7 ARM控制板布局

水面控制台最终设计如图3-8所示。

3.2.2 水面电源柜设计

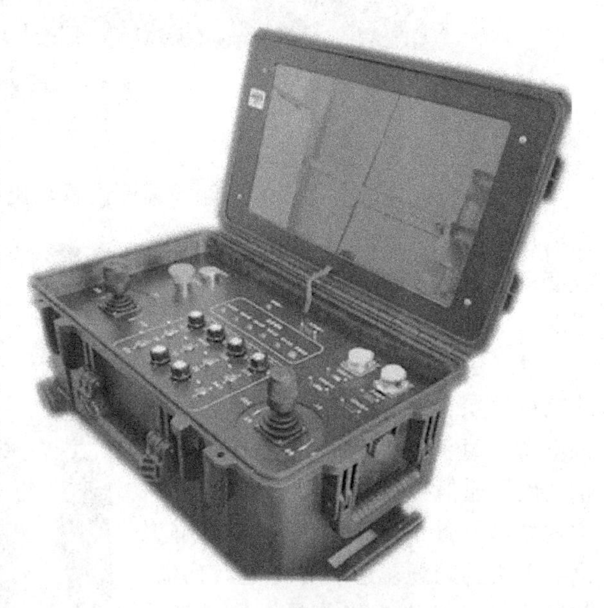

图3-8 水面控制台实物

电源柜的主要功能是为控制系统源源不断地输送直流电源。由于水下机器人的功率为1.5kW，再加上脐带缆自身的功率损耗，所以需要水面功率电源的输出功率足够大。电源柜的供电电源为市电220V电源，通过功率电源输出稳定的400V直流电，这是水下控制系统唯一的电力来源。同时，220V交流电源也作为输出接口，为水面控制台提供电力传输。

程控电源[25]采用脉宽调制技术，输出电流可达到15A。并且它使用英飞凌公司的IGBT功率管作为功率电源内部开关元件。电源包括以下几个模块：滤波、整流、逆变、功率变换以及其内部的控制模块。功率电源具有体积小、散热快、高效节能、安全性能高、可靠性高等突出特点。功率电源技术指标如表3-1所示。

表3-1 电源技术指标

输入电压	输出电压	输出电流	输出纹波	显　示	保护功能
交流220 (1±10%)V	直流0~450V	最大15A	<1%	电流、电压、温度、时间等	过电流、过电压、过载等

功率电源工作原理：220V交流电输入后，先整流，再滤波，将输出送至IGBT上；控制电路所产生的PWM波实现对IGBT的控制作用，将直流电逆变后转化为20kHz的方波交流

电；其后，经过高频变压器降低电压，达到传送功率的目的；再将经变压后的交流电进行整流、滤波处理，输出符合电源标准的直流电压和电流，并通过控制电路将工作电压、工作电流等信息显示在触摸屏上。

设计电源柜，用于放置水面电源及扩展输入/输出接口等，如图 3-9 所示。

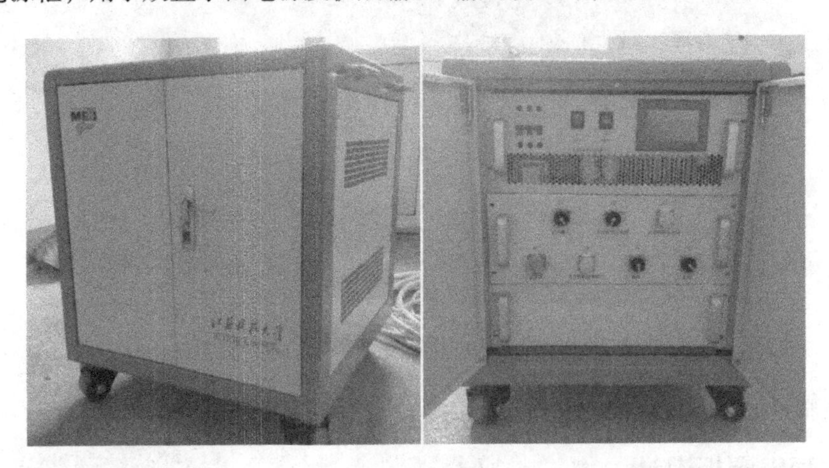

图 3-9 电源柜

电源柜共分为 3 层：

第一层为程控电源层：通过触摸屏可设置输出直流电压及输出电流；触摸屏还可显示工作电压、工作电流、工作时长及电源温度；电源内部安装有散热风扇，当温度高于 40℃时，风扇开始工作。

第二层为脐带缆、电源线、通信线的接口层：ROV 控制系统的交流输入电源、直流高压输出电源、光纤通信及网络通信接口均在第二层面板上，方便接线；装有交直流滤波器，解决高频干扰的问题；还装有光电转换器，将网络信号转换为光信号，通过光纤通信进行上下位机的数据传输。内部结构如图 3-10 所示。

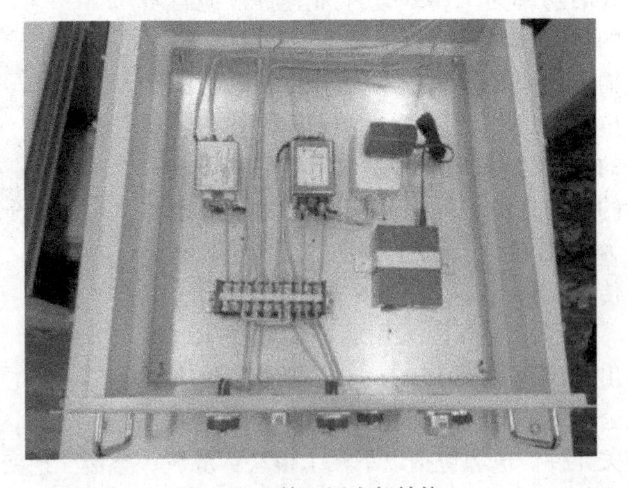

图 3-10 第二层内部结构

第三层为工具盒层：工具盒用于收纳线缆及必要的维护工具。

3.3 水下控制系统设计

3.3.1 电源模块设计

水下机器人控制系统需要不同等级的直流电压，并且电压功率也不相同，所以需要设计电源模块提供不同等级的电压。通过脐带缆输出的电压为400V，水下控制系统有水下灯、云台摄像头、控制板、推进器、光电转换器和传感器等各个模块需要供电，因此电压等级分为13.8V、12V、5V。其中控制板上集成了电源模块，因此只需13.8V输入；各传感器的电压也从控制板上直接获取。图3-11为机器人本体内部电源模块结构框图。

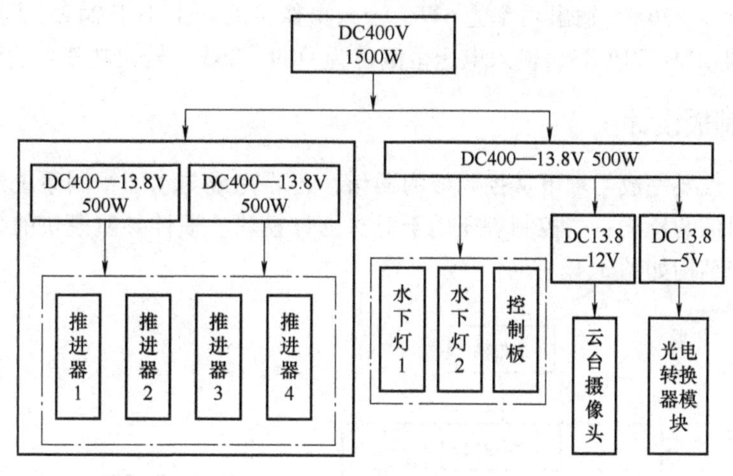

图3-11　电源模块结构框图

1. 13.8V功率电源模块

水下机器人主要的功率消耗都是来自ROV的动力推进装置——推进器。水下安全检测机器人虽然体积小，但是它的功率却很大，这要求电源模块体积小的同时，还要保证其输出功率。由于单个推进器在输入电压为13.8V时，功率达不到250W（约为240W），并且两个推进器不会同时满功率运行，因此使用一个500W的电源模块可以供两个推进器（垂向一个，尾部一个）工作。本控制系统采用DCM300稳压电源模块，它具有较宽的电压输入范围，输出功率高达500W，最高效率可达到93.2%，具体参数如表3-2所示。

表3-2　VICOR电源技术指标

输入电压	输出电压	输出功率	效　率	是否隔离	尺　寸
DC200~420V	DC13.8V	500W	93.2%	是	47.91mm×22.8mm×7.26mm

图3-12为功率电源模块的实物图，模块输入端有保护电路、一阶LC滤波电路；输出端使用ACS723电流检测电路采集输出电流，实时监测电流大小；为了检测电源输出电压，利用精密电阻进行分压，从而获取电压值并进行转换；DS18B20温度采集芯片贴在电源模块侧面来检测电源模块的温度；使用光耦器件隔离电源模块集成的EN使能引脚，从而控制电源模块的开关；电源模块还集成了FT报错引脚信号，通过采集FT引脚的电平信号，判断电源模块是否工作正常。

图3-12　DCM300电源模块

2. 5V、12V 电源模块

水下机器人水下控制系统还需要稳定的5V与12V直流电，5V电压为光电转换器供电，12V电压为云台摄像机供电。由于光电转换器的功率较小，约为4W，并且要防止输入电压功率过大引起电源电压不稳，因此选择金升阳公司的隔离电源模块URB2405YMD-6WR3，其输入电压为DC9~36V，输出功率为6W；云台摄像机的功率小于24W，同样选择金升阳电源模块URB2412LD-30WR3，输入电压范围也为DC9~36V，输出功率可达到30W。

3.3.2 主控制板设计

主控制板不仅要完成与水下从控制板的通信，还要完成与水面控制系统的远距离通信，它是整个系统通信的桥梁；主控制板还用于对深度计模块、惯性导航模块的数据进行采集。主控制板的系统结构如图3-13所示。

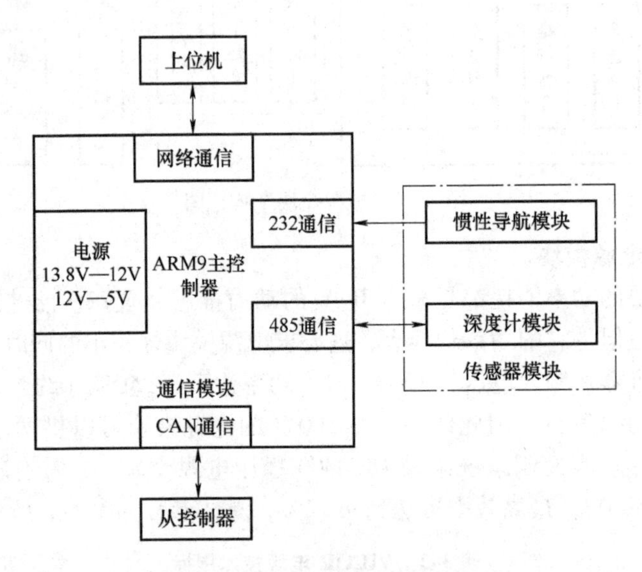

图3-13 主控制板系统结构图

主控制器选择飞思卡尔公司基于ARM9内核的处理器，这款处理器的主频为454MHz，并且其支持二代内存条和NAND Flash，并提供多达6路UART、1路IIC、1路SPI、3路12bit ADC、2路10/100Mbit/s以太网接口、1路SDIO、1路IIS接口、1路USB OTG接口、1路USB Host接口，拥有电阻式触摸屏接口，可支持TFT显示屏，其强大的功能可满足广大用户的要求。主控制板可使用Linux操作系统，且公司向用户开放两种操作系统开发包，帮助其快速学习。主控制板设计实物如图3-14所示。

图3-14 主控制板

主控制板虽然引出了UART引脚，但

需要将其扩展为 RS232 和 RS485 模块，分别与惯性导航和深度计连接进行传感器数据采集；同时还需扩展出 CAN 通信，用于与从控制板的通信；扩展板上集成的电源模块主要是用于传感器模块的供电。

先将串口输出信号经双通道数字隔离后，使用电平转换芯片将其转换为所需要的通信信号。RS232 通信使用美信公司生产的电平转换芯片，扩展输出两路 RS232 信号；RS485 通信使用 AD 公司的 SP3485 芯片，使用自收发设计模式。

同样地，对于 CAN 模块[26]的扩展，也是将主控制板上的 CAN 引脚先经过隔离，接入 CAN 收发器，得到稳定的通信信号。CAN 通信需要加上终端电阻，终端电阻的作用就是吸收信号反射及回波，而产生信号反射的最大来源便是阻抗不连续以及不匹配，因此要求终端电阻与通信电缆的阻抗相同，一般电阻阻值为 120Ω。通信扩展板设计实物如图 3-15 所示。

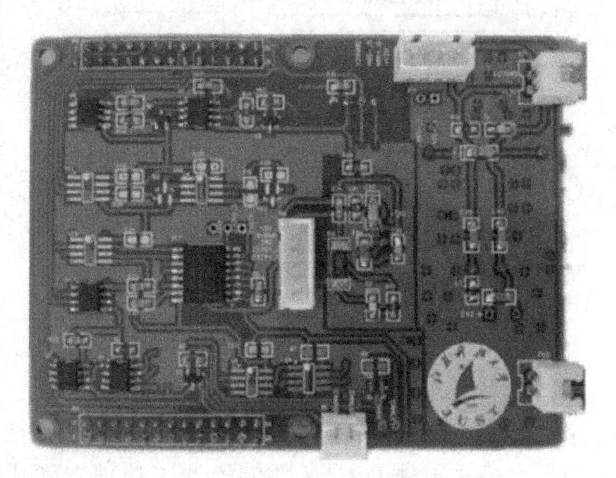

图 3-15　通信扩展板

电源模块为主控制器提供电压，也为其外围传感器模块供电，电源模块均采用金升阳公司的隔离电源，其模块小，功率大，输出电压稳定。

主控制板定义了标准的堆叠接口，使用标准的 2.54mm 间距的双排排母作为连接器，方便模块的上下堆叠。图 3-16 为主控制板和扩展板的堆叠示意图。

图 3-16　主控制板和扩展板

3.3.3　从控制板设计

从控制板的主要功能是通过 CAN 通信将接收到的数据转换为指令，从而来控制水下灯、推进器及电源模块等。此外，从控制器还要实时采集舱内温湿度信息、漏水信息、电源模块的电压、电流和温度信息等，并将这些信息通过 CAN 通信的方式发送给主控制器。

从控制板采用恩智浦公司的 ARM Cortex-M0 控制芯片，它内部集成了 CAN 收发器，而且所用引脚模块完全满足设计需求，并且使用 CAN 通信方便以后添加功能模块。

从控制板结构图如图 3-17 所示。

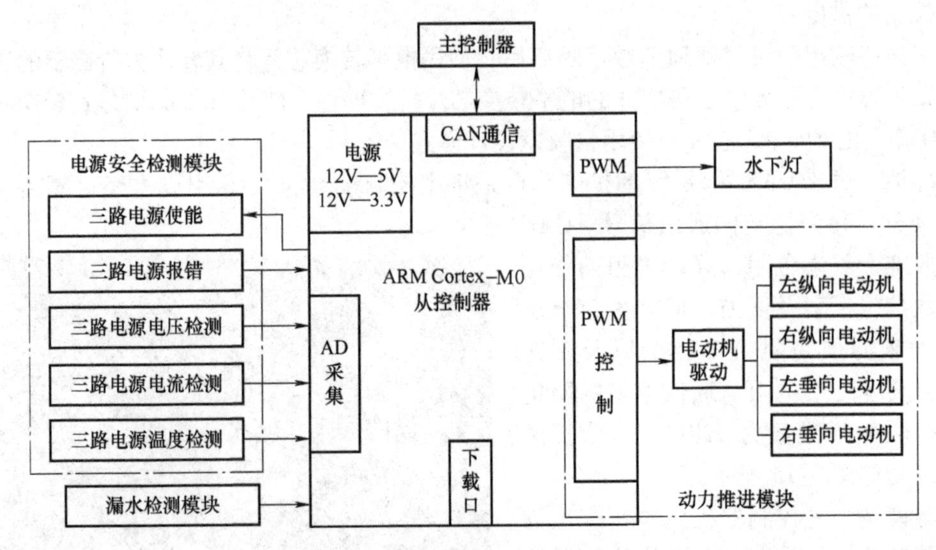

图 3-17　从控制板结构图

从控制板采用 LPC11C24 芯片，外围模块包括：电源模块、水下灯控制及舱内温湿度采集模块、最小系统及 CAN 通信模块、功率电源电压/电流/温度采集模块、漏水检测模块、推进器控制模块。

从控制板的 5V 电源也使用金升阳的隔离电源模块，避免控制板的电源干扰；LM1117 为从控制芯片提供稳定的 3.3V 电压。

水下灯的控制信号经过光电耦合器隔离，输出使用 12V 电源直接驱动水下灯的控制信号，这样使得控制信号拥有更高的稳定性；为避免舱内温度过高及湿度过大对控制系统造成影响，舱内采用了 DHT11 传感器，实时检测舱内温湿度信息。

ARM 的最小系统是实现水下机器人功能的基础，其包括晶振电路、复位电路、下载电路等，其内部集成 CAN 收发器，因此不需要对它进行通信扩展。

功率电源模块的电压电流检测使用运放跟随形成信号隔离，使用 OP07 双电源运放时，当输入电压为 0 ~ 0.7V 时，运放输出电压始终有 0.7V 的死区，而电流采集最小输出电压值为 0.5V，虽然 OP07 调零理论上可以实现，但是实际电路中很难做到，因此这里的电路设计中使用轨对轨运放，并且 MCP601 只需要单电源进行供电，输入电压与跟随输出电压相等，即可达到设计效果。TL431 芯片是一个可控精密稳压源，内基准电压为 2.495V，作为 AD 采样的参考电压，这样可以使得数据转换精度更高。

电路板设计了两个漏水检测模块，当舱内发生渗水等漏水情况时，漏水检测模块可以很快检测到舱内是否漏水。电路采用运放做了一个电压比较器，当漏水探头检测到漏水时，两端相当于短路，运放输入正端为低电平；电平信号低于负端电平，输出端电压为低电平；当运放输入正端电平高于负端电平时，输出端电压为高电平，从而达到漏水检测的效果。

推进器的控制使用了单片机的 PWM 模块，信号经过光电耦合器隔离后将 PWM 输出幅值拉高至 5V 给电动机驱动部分，通过调节 PWM 占空比进行推进器调速。从控制板设计实物如图3-18所示。

3.3.4 推进器驱动电路设计

推进器的正常工作离不开驱动电路的控制，无刷直流电动机由于起动转矩大、响应速度快，常被应用于推进器的设计。无刷直流电动机一般使用全桥驱动，即6个MOSFET分别构成上臂和下臂，通过单片机GPIO口推挽输出控制，或者使用电动机驱动专用芯片控制。本章设计的推进器驱动电路使用电动机驱动专用芯片[27-28]——JY01A。JY01A芯片是上海居逸公司的产品，它既可以用于有霍尔直流无刷电动机的控制，也可以用于无霍尔直流无刷电动机的控制。电动机控制芯片应用简单，只需按照引脚定义进行电路设计即可。驱动控制框图如图3-19所示。

图3-18 从控制板

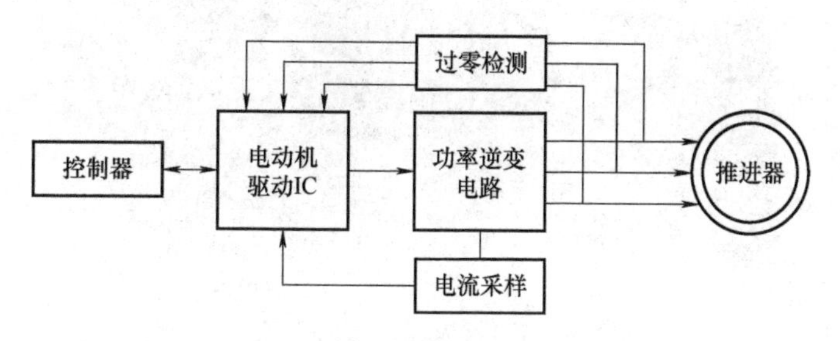

图3-19 电动机驱动控制框图

控制器给电动机驱动芯片控制信号，电动机驱动芯片通过反电动势进行过零检测，从而判断相位，再驱动逆变电路进行推进器调速。电动机驱动芯片的输入引脚有FO/EL、VR、Z/F，输出引脚为M，过载保护引脚为Is。

FO/EL为起动转矩设定引脚。由于这里使用的推进器无霍尔传感器，所以只对无霍尔方式进行配置。将此引脚的电压调至0.1V，调节VR引脚电压，若电动机起动不了，则增大起动转矩引脚电压值，重新起动电动机。起动转矩引脚电压的范围在0.1~2V，若电压过低，电动机起动不了；若电压过高，电动机起动时会抖动，甚至会有反转现象。但每台推进器由于特性不同，其起动转矩也不相同，因此起动转矩电压的调节非常重要。

VR为电动机调速引脚。VR引脚的输入电压为0~5V，随着电压增大，转速会越来越快。

Is为过载保护引脚。采样电阻采集到电压信号输入至此引脚，当过载保护引脚检测到电压为0.1V时，过载监控就会启动，并进入恒流状态，电动机不能够再进行调速，即增加VR引脚的电压，电动机转速也不会增加，但电动机可以正常运行；一旦Is引脚电压达到或超过0.2V，驱动芯片就会在4.5μs内进行保护。采样电阻R的取值为$R=0.1/I$，一般电流采样电阻采用康铜丝。

Z/F 为软换向引脚。JY01 的 Z/F 引脚可以使电动机换向，只需给此引脚一个高低电平信号，电动机便会按照不同的方向旋转。但是它具有软换向功能，即在电动机旋转的时候，突然改变 Z/F 引脚的电平信号，驱动控制芯片会先停止输出，当电动机停止转动后，再向另一个方向旋转，这种软起动方式提高了电动机及 MOS 管的寿命。

M 为转速信号，在电动机旋转时，JY01 的 M 引脚会有转速脉冲信号输出，通过定时器的输入可以获得其频率信号，转化后可获得电动机转速。

JY01 电动机控制芯片还有堵转保护功能。当 VR 引脚给定电压起动不了电动机时，在 5s 内，驱动控制芯片会自动保护，这时将 VR 端电压降到 0V 时可以解除芯片保护，将 VR 端电压调高便可驱动电动机旋转。

本节设计了两款驱动电路，如图 3-20 所示，图 a 可以直接通过 PWM 控制转速，图 b 增加了 ARM 控制器，可以通过 CAN 通信的方式改变转速。

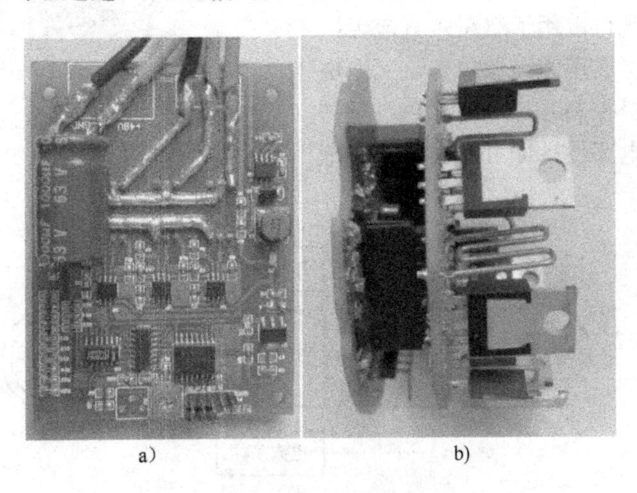

a）　　　　　　　　　　b）

图 3-20　推进器电路实物图

a）直接通过 PWM 控制转速　b）通过 CAN 通信改变转速

3.3.5　深度计及惯性导航设备选型

当水下机器人潜入水中后，人很难看到机器人的位置及姿态，这时需要借助传感器来获取水下机器人的下潜深度及姿态，因此深度计和惯性导航设备在水下机器人上的应用尤为重要，同时传感器的精度也决定着水下机器人的姿态运动控制精度。

水下安全检测机器人采用了德国 HELM 最新技术生产的液位测量产品，它适用于测量海水水位，具有很高的抗腐蚀性；此款深度计采用了钛合金大平膜传感器，使用高精度的电子元器件组装硬件电路，具有很高的精度和很长的寿命，深度计实物图如图 3-21 所示。

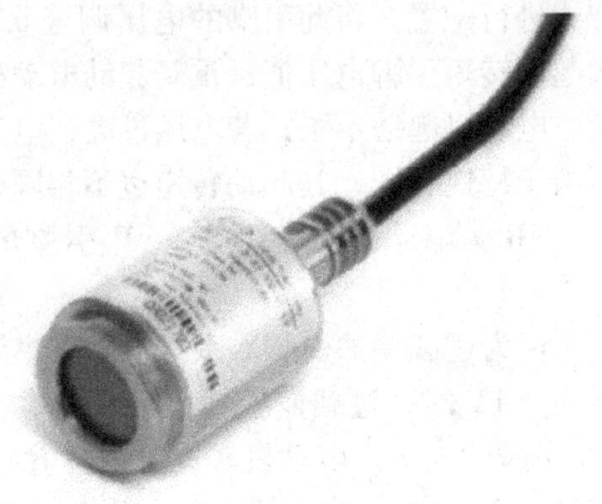

图 3-21　深度计实物图

深度计分为两款：一体式和分体式，本章设

计的水下安全检测机器人选择使用分体式传感器，将深度计的电路部分放在电子舱内，将传感器探头通过穿舱件连接的方式放置在舱外。深度计的特性参数如表 3-3 所示。

表 3-3　HM21R 参数

量　程	结　构	精　度	信号输出	供　电
0～300m	分体式	0.25%FS	RS485	DC12V

惯性导航传感器是获取水下机器人姿态的重要传感器，凭借它可以判断水下机器人的航向等位置姿态。ROV 控制系统选择一款基于 MEMS 的微型航姿系统，它具有体积小、精度高的优点，其传感器由高精度陀螺仪、加速度计和磁场计组成，并且通过 ARM Cortex-M3 进行高速 MCU 计算，从而解算出方位角、纵倾角（俯仰角）及翻滚角。该航姿系统的精度高达 0.5°，适用于航模系统、平衡车系统、水下机器人系统等需要稳定控制的系统。导航模块实物如图 3-22 所示。

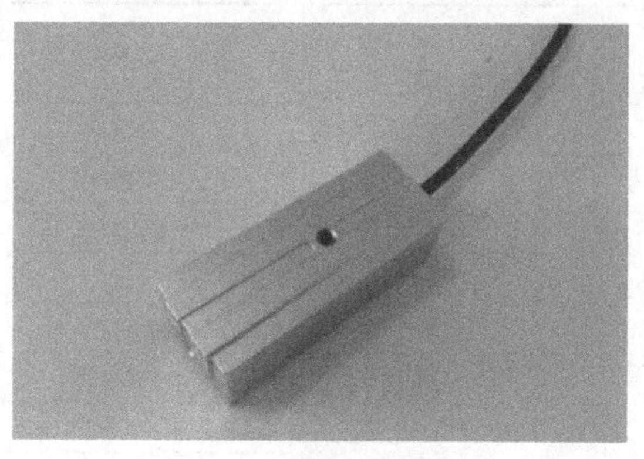

图 3-22　导航模块实物图

导航模块采用 RS232 串口通信方式，其波特率设置为 115200bit/s，应用在水下机器人上，数据传输的实时性高。在实际应用中，控制板将采集到的艏向角（航向角）、横倾角（横滚角）、纵倾角（俯仰角）等数据进行均值滤波，得到更加精准的导航数据，导航所测数据如图 3-23 所示。

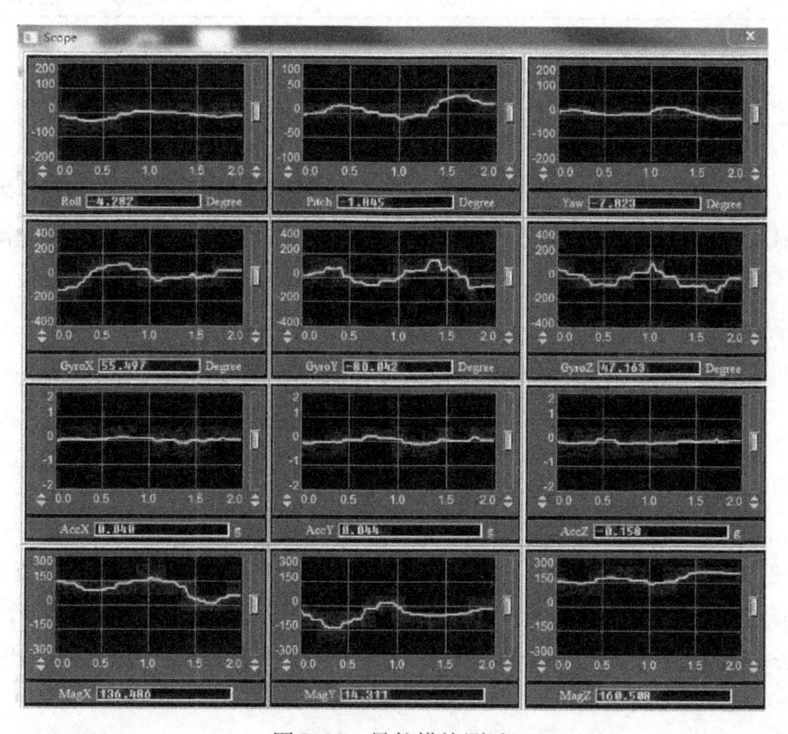

图 3-23　导航模块测试

说明：一般定义载体的右、前、上三个方向构成右手系，经查阅大量水下机器人相关论文可知，通常用横滚角、横摇角、横倾角表示绕向前的轴旋转；俯仰角、纵倾角、纵摇角表示绕向右的轴旋转；航向角、艏向角表示绕向上的轴旋转。本书为了统一说法，将全文“横滚角”“横摇角”统一为“横倾角”，将“俯仰角”“纵摇角”统一为“纵倾角”，将“航向角”统一为“艏向角”。但是某些截屏图（如图4-5、图4-6）中不再做改动。

AH100B 惯导参数如表3-4 所示。

表3-4　AH100B 惯导参数

罗盘航向参数	航向精度	0.5°（RMS，静态，罗盘工作模式）
		2°（RMS，动态航姿工作模式）
	分辨率	<0.1°
罗盘倾斜参数	俯仰精度	0.5°RMS
	横滚精度	0.5°RMS
	分辨率	<0.1°
	倾斜范围	俯仰 ±90°，横滚 ±180°
物理特性	尺寸	40 × 22 × 22（mm）
	重量	30g
	RS232 接口	5 针
接口特性	启动延时	<50ms
	最大采样速率	100 次/s
	串口通信速率	2400～115200bit/s
	输出格式	二进制高性能协议

3.4　本章小结

本章介绍了水下安全检测机器人控制系统的硬件设计。首先给出了水下机器人控制系统结构；然后阐述了水下机器人水面控制系统的硬件设计，包括水面控制台和电源柜；最后着重介绍了水下控制系统的硬件设计，包括功率电源模块、主控制板、从控制板、推进器驱动电路及舱内传感器等。

思考题

1. 简述水面控制系统和水下控制系统的主要功能作用。
2. 请详细描述一下功率电源的工作原理。
3. 请简述232 通信、485 通信、CAN 通信各自的特点及它们之间的相同点和不同点。
4. 电路板在设计时都要考虑到什么问题？可以采用哪些方法？本章采取的是什么办法？
5. 本章中水下机器人的推进器的驱动电路使用了 PWM 控制转速，请问 PWM 控制技术具体是什么？

第 4 章 水下检测机器人（ROV）控制系统软件设计

4.1 引言

第 3 章介绍了水下检测机器人控制系统的硬件设计，它是 ROV 实现各项功能的核心部分，相应地，控制系统的软件也是 ROV 实现运动及信息采集不可或缺的组成部分。

水下检测机器人控制系统软件设计主要分为两大部分，即水面控制系统软件和水下控制系统软件，包括面板信号采集控制器软件设计、监控软件设计、ARM9 主控制器软件设计和 ARM-M0 从控制器软件设计 4 个部分，这 4 个部分之间的通信结构如图 4-1 所示。

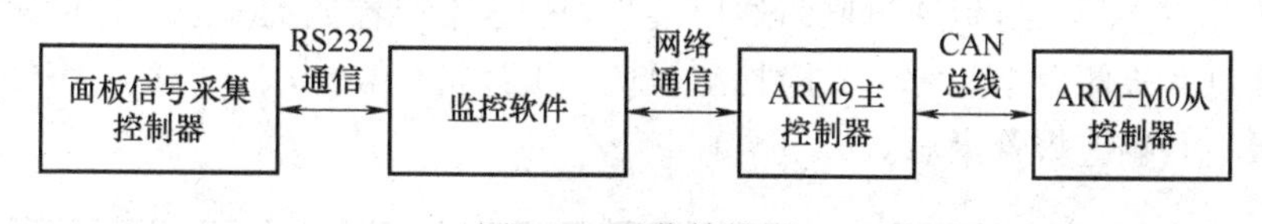

图 4-1 通信结构图

4.2 水面控制系统软件设计

水面控制系统是操控水下机器人动作及运动的平台，机器人在水下观测作业时，操控员要时刻对水下环境及 ROV 本体自身传感器数据进行监测分析，这需要设计友好的人机交互软件，达到智能监测、稳定控制的效果。

水面控制系统软件设计主要来自水面控制台，包括工控机与 ARM 控制板的通信、水面监控软件设计。

4.2.1 面板信号采集控制器软件设计

控制台面板需要将电位器、操纵摇杆等模拟量信号及开关数字信号分别通过控制板的 AD 模块和 GPIO 模块进行信号采集，并将采集后的数据按照既定的通信协议发送至工控机；控制板还要接收工控机发送出来的数据，按照既定的通信协议来点亮控制面板的指示灯，操控员可根据指示灯判断水下机器人在水下执行的功能。信号采集面板的程序主循环流程图如

图 4-2 所示。

程序中首先对定时器、串口、GPIO、ADC 及 DMA 模块进行初始化，定时器定时 100ms，并设置标志位 Flag；当定时时间到达 100ms 时，系统进入定时器中断，标志位 Flag 置 1，在主循环中执行串口数据发送，待发送完成，将标志位 Flag 置 0，定时器重新计时；当标志位不等于 1 时，主函数循环执行数字量采集、ADC 数据转换及指示灯控制的指令。数字量采集是主函数循环扫描开关接入引脚的电平变化，并将采集的变化转化为一个字节，等待串口将数据发送出去；AD 采样有一定的采样时间，每次转换完成后会将转换结果放置在一个固定的寄存器内，而 DMA 直接将数据进行转移，需要在主函数中将每路 AD 数据转化为一个字节，等待串口发送；数据接收在串口中断中执行，当有数据发送过来时，串口中断会打开，主函数根据接收到的指令进行指示灯控制。

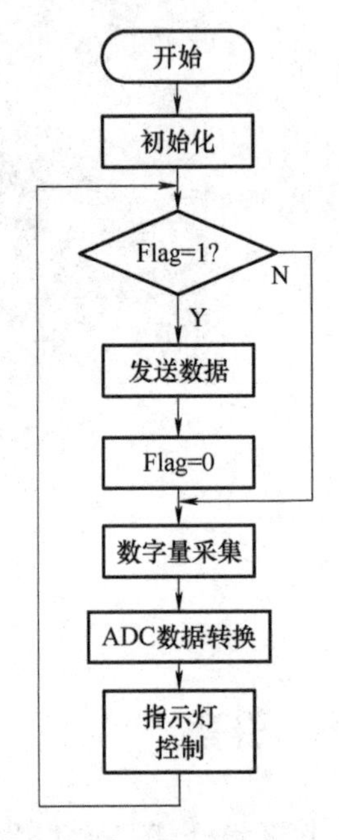

图 4-2　信号采集面板的程序主循环流程图

4.2.2　水面监控软件设计

水面监控软件采用 Visual Studio 软件进行编程，结构框图如图 4-3 所示，软件主要包括以下几个部分：监视界面模块，主要负责显示云台摄像机采集的水下环境图像，包括摄像、拍照、保存图片与视频功能；控制模块，主要负责水下机器人的运动控制、水下灯的控制及摄像机的云台调节及调焦设置；后台监测数据模块，主要用于显示通过网络通信接收到的水下机器人的姿态、深度、温湿度、电压、电流等信息，方便数据监测；故障检测模块，工控机接收到故障信息后将信息发送给面板采集控制板，并响应报警指示。

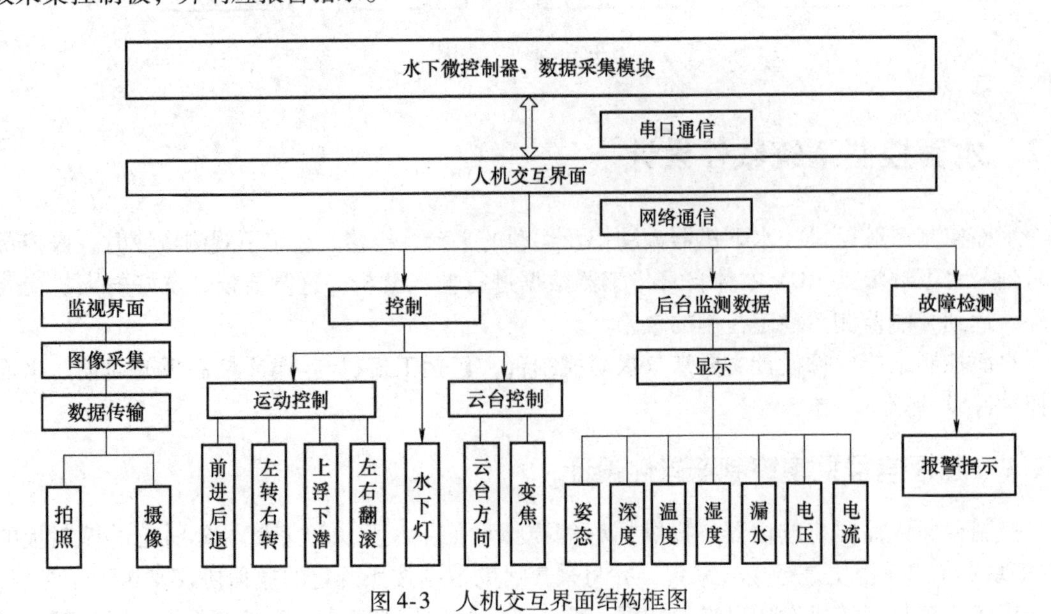

图 4-3　人机交互界面结构框图

ROV 水面监控软件程序流程图如图 4-4 所示。

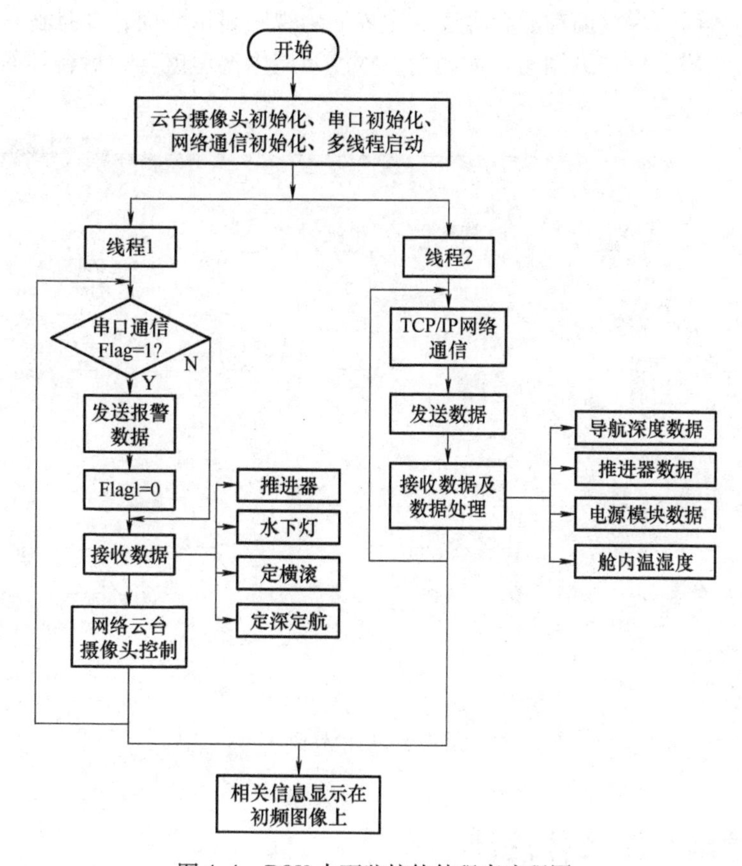

图 4-4　ROV 水面监控软件程序流程图

水下检测机器人水面监控软件采用多线程编程方式，共有两条线程：一条为主线程，主线程主要运行与面板采集控制器的串口通信及视频网络通信程序；另一条为子程序，子程序主要运行机器人控制的网络通信程序。这样的程序软件设计保证了机器人运动控制的实时性。最终设计的 ROV 水面控制系统界面如图 4-5、图 4-6 所示，水下安全检测机器人水面监

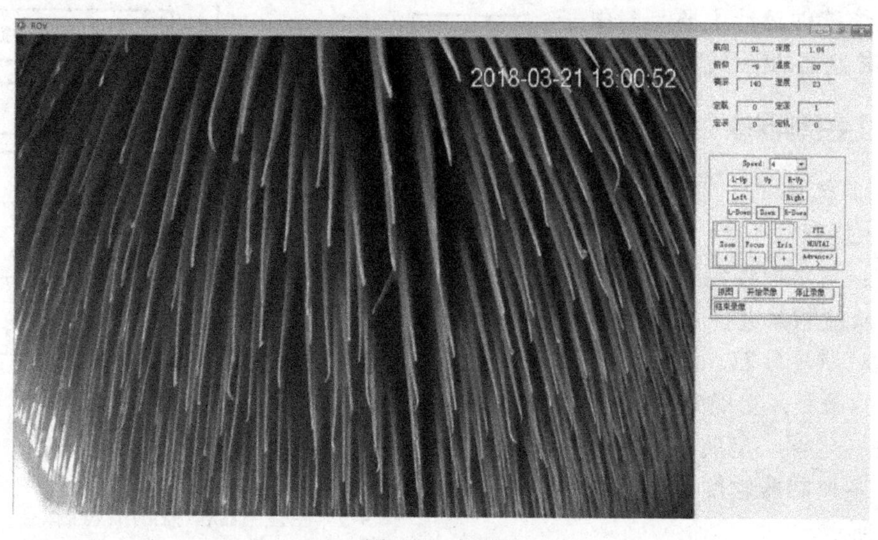

图 4-5　主界面

控软件包括两个界面：主界面和后台界面。主界面为视频显示界面，并且在右侧增加了重要传感器信息，包括艏向角、纵倾角、横倾角、深度及舱内温湿度等；后台界面显示了所有传感器信息及其运动姿态。

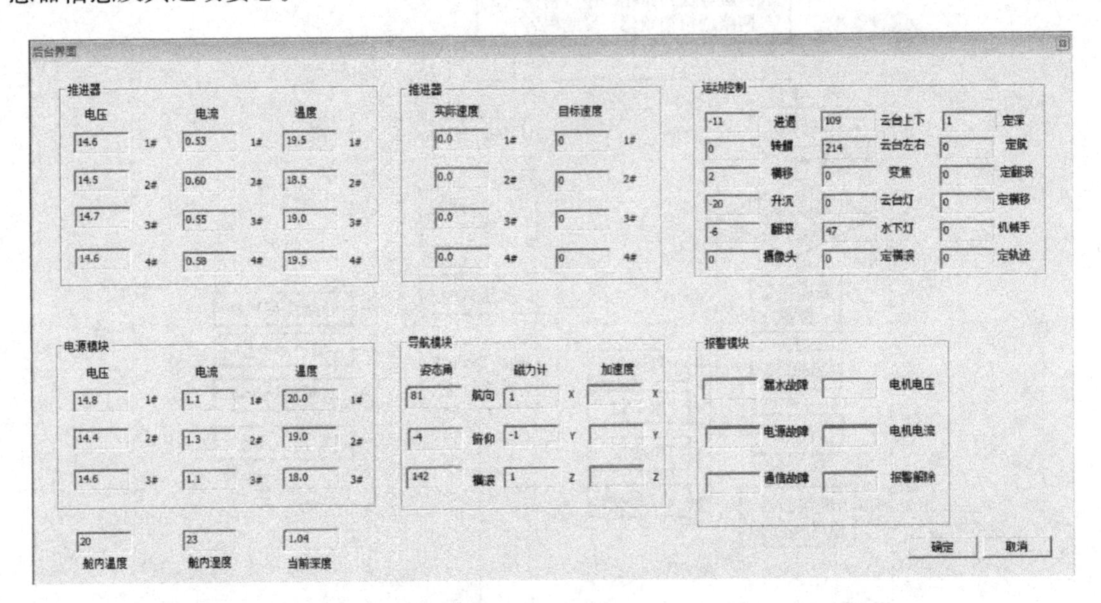

图4-6　后台界面

4.3　水下控制系统软件设计

水下控制系统是机器人实现安全检测的重要组成部分。水下控制系统软件的设计决定着水下机器人功能的完整性及其作业的能力。水下控制系统软件设计主要是对电子舱内两个控制器的编程设计。

4.3.1　主控制器软件设计

ROV 本体内的主控制器采用 ARM9 嵌入式开发平台，其主要实现的功能有：与水面控制台进行网络通信、与从控制器进行 CAN 总线通信，实现对惯性导航、深度计等传感器的数据采集，实现 ROV 的姿态控制算法（定深、定航、定横滚算法）等。主控制器软件程序流程图如图 4-7 所示。

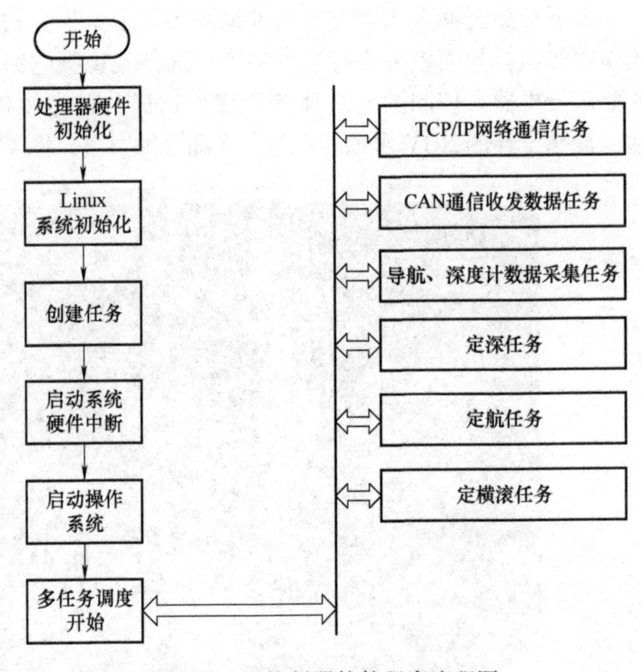

图4-7　主控制器软件程序流程图

主控制器搭载Linux操作系统，运用多线程执行多任务调度工作。机器人定深、定航及定横滚任务均采用PID（比例、积分、微分）控制算法[31]。PID控制是工业上常用的线性控制器，它要求通过给定输入$r(t)$和实际输出$c(t)$，获得控制偏差$e(t)$，进而对偏差的比例、积分和微分进行必要的线性处理，从而获得控制量来对被控对象进行线性控制。

4.3.2 从控制器软件设计

ROV本体内的从控制器采用恩智浦公司的LPC11C24单片机，这款芯片是基于M0内核的，也是基于嵌入式平台来开发的，其主要实现的功能有：与主控制器实现CAN通信、实现对水下灯的控制、实现对推进器的控制，另外还实现对舱内温湿度、电源电压、电流、温度及漏水传感器的信号采集等。主控制器与从控制器之间通过CAN总线的方式进行数据传输，方便添加从控制器，为机器人增加功能。

从控制器软件程序流程图如图4-8所示。首先对单片机的各个模块进行初始化，其中定时器初始化后，每100ms进入定时器中断，并且设置了两个标志位。当定时器达到500ms时，将标志位Flag1置1，执行主函数时会进入判断语句，从而开始执行舱内温湿度检测及电源温度检测，执行完语句后将标志位Flag1置0，重新开始定时；同样地，标志位Flag2定时为1000ms，即每1000ms主函数会执行一次电源电压电流检测、漏水检测。标志位Flag3为CAN通信标志位，当CAN中断接收完后标志位置1，CAN执行发送程序。

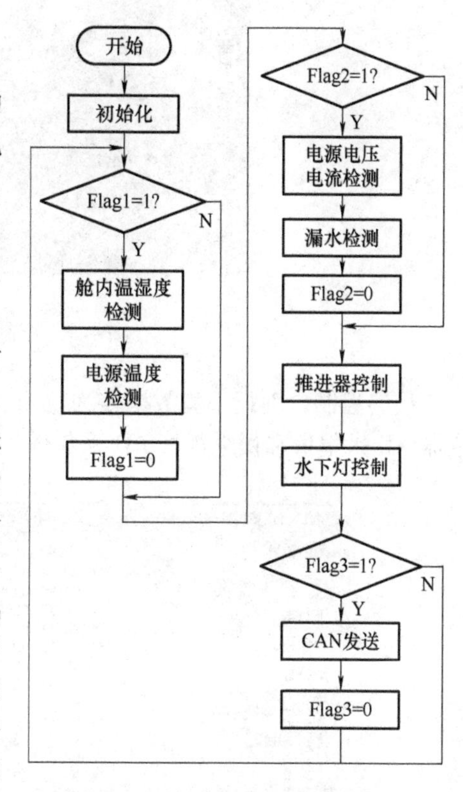

图4-8 从控制器软件程序流程图

4.4 系统调试

首先对水下检测机器人控制系统各个功能模块进行软件及硬件调试，测试成功后，便可对其进行控制系统联合调试。

4.4.1 水面控制台调试

1. 控制台面板信号采集

控制台面板上的电位器及操纵摇杆信号的采集精度直接影响到水下检测机器人运动的控制精度，因此要避免控制台内部的信号干扰。如图4-9所示，为了减小控制台的内部信号干扰，稳定采集控制面板上的模拟量值，应在采用短线走线的同时，避免接线杂乱，避免将控制板靠近开关电源等干扰较大的设备，并且在软件上对采集到的模拟量进行均值滤波及限位处理。

图 4-9　控制台面板按钮信号采集测试

最终控制台面板采集数据较为稳定，如图 4-10 所示。数据包括包头包尾、开关值、电位器 AD 采集值和操纵摇杆 AD 采集值。

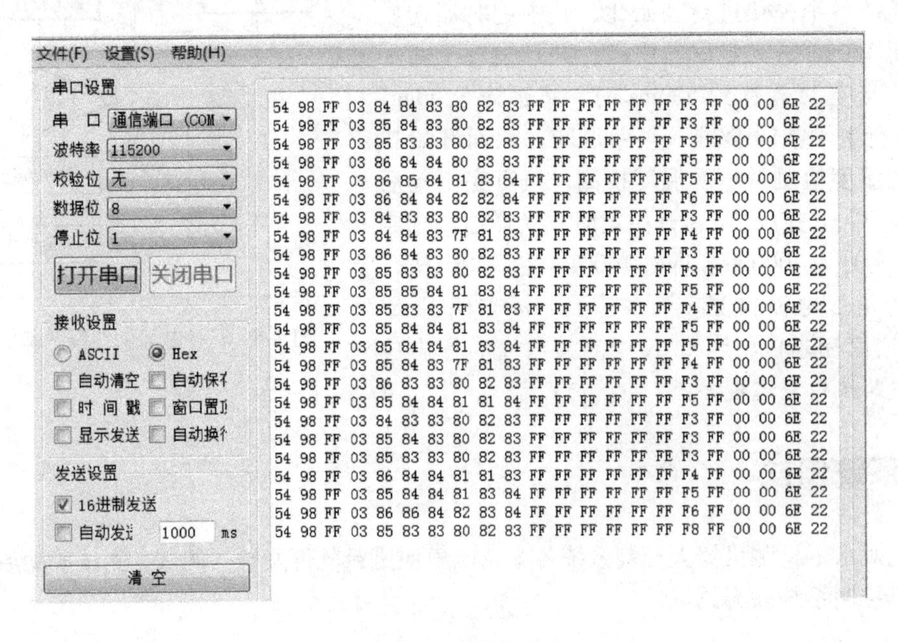

图 4-10　采集数据显示

2. 控制台监控软件调试

云台摄像机和主控制器的网络通信使用的是两个不同的网络 IP 地址，控制台监控软件不仅对这两个 IP 地址进行网络通信，还需要与信号采集面板进行串口通信。监控软件分为两个界面，主界面显示摄像机采集的视频图像，后台界面显示重要数据信息，经调试，控制台监控软件工作正常，图像显示清晰，数据解析正确。

4.4.2 水下控制系统调试

1. 水下灯测试

水下灯供电电压为13.8V，输出功率达到20W，本设计使用LPC11C24的PWM引脚产生频率为1kHz的PWM波来控制水下灯驱动电路，图4-11所示为水下灯的测试图。

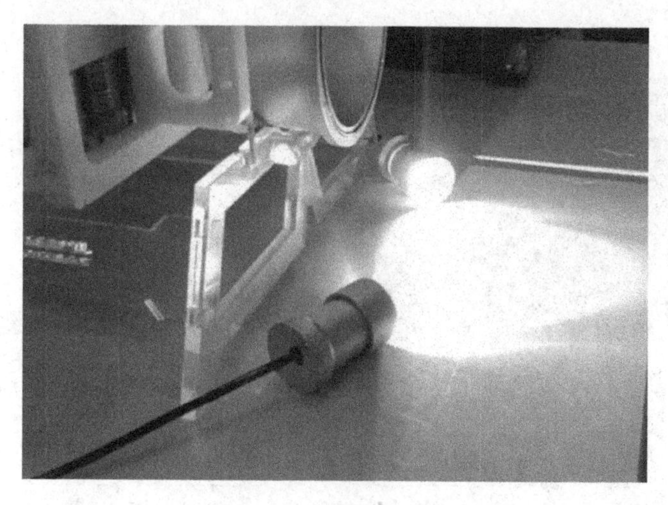

图4-11 水下灯测试

2. 惯性导航模块测试

惯性导航模块受电磁干扰影响较大，这会直接导致操纵人员对水下检测机器人航向等姿态的判断出现偏差，因此模块的安装需要考虑避开大功率电源、电动机驱动模块等。对惯性导航模块进行校准及测试的结果如图4-12所示，其稳定性、实时性及试验误差满足要求。

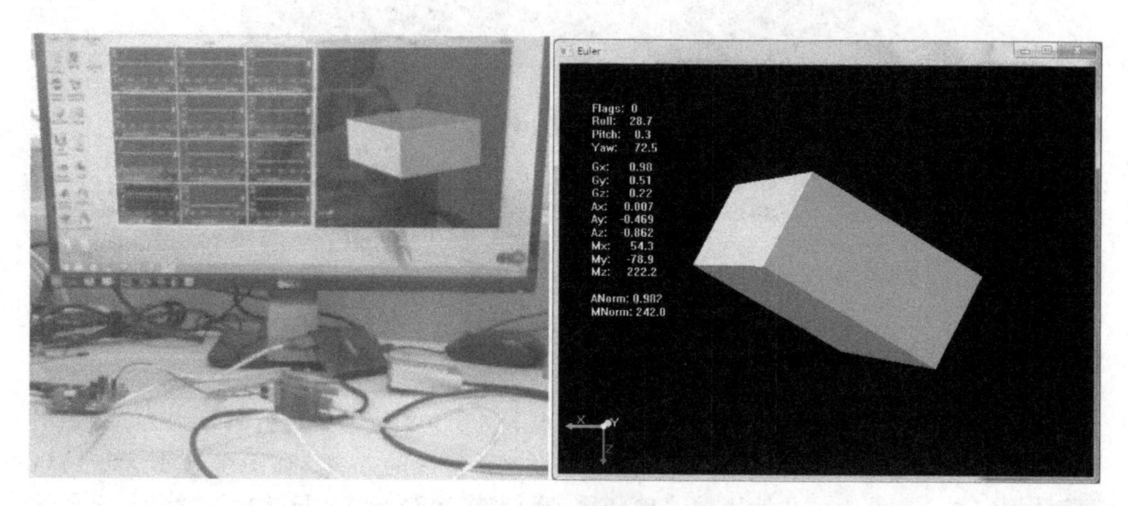

图4-12 惯性导航模块的校准及测试

3. 深度计模块测试

对深度计传感器进行测试如图4-13、图4-14所示。深度计采用RS485通信，调整波特率后，发送“ $ H0E1LCDM”指令，传感器会回复深度信息。在实际应用中，主控制板每100ms会向深度传感器发送一次指令，以获取深度值。

4. 推进器测试

对ROV本体上的4枚推进器进行测试，需要明确推进器的推力方向是否符合摇杆的操作指令，如果不是，需要更换螺旋桨叶或调整改变电动机转动方向，如图4-15所示，所测推进器运转正常。

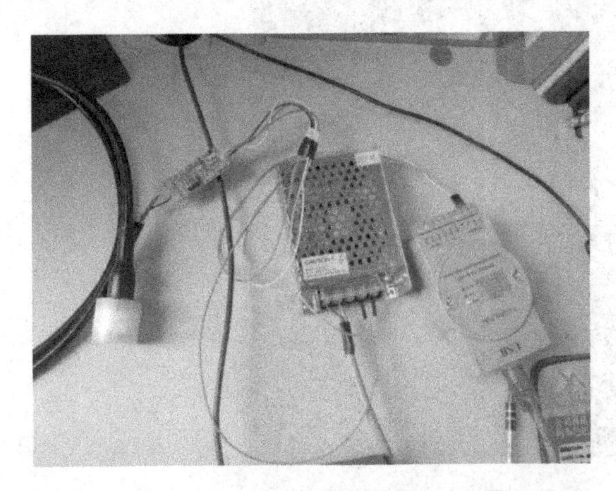

图4-13　深度计测试

图4-14　深度数据

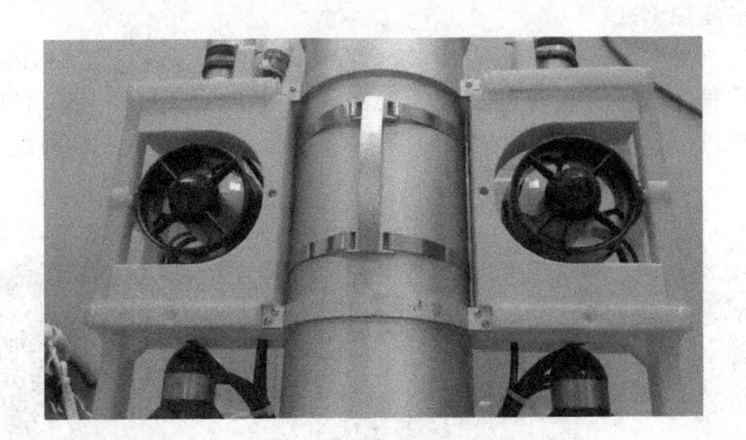

图4-15　推进器测试

4.4.3　控制系统联调

控制系统的各个模块测试正常后，需要对水下机器人整套系统进行联合调试。调试时需要考虑功率电源模块的散热，本设计采用贴壁水冷散热的方式，如图4-16所示，将电源模块固定在金属块上，并使用导热硅脂涂于两者接触面，增加导热性，然后将金属块与筒壁贴合，达到水冷散热的效果。同时将主控板、导航传感器电路板、深度传感器电路板与电源模块分舱放置，既解决了接线过长带来的干扰，又避免了大功率电源的电磁干扰。

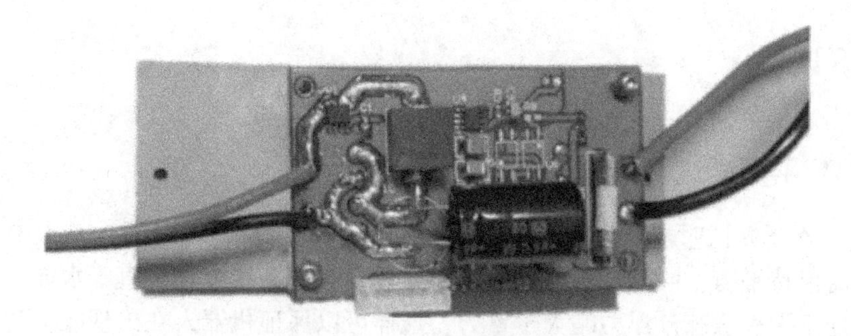

图4-16　电源模块散热

水下检测机器人共使用了4个推进器，共同作用实现ROV 4个自由度的运动，即前进后退、上浮下潜、左右转艏及左右翻转。尾部的推进器共同作用实现前进、后退及左、右转艏运动；中间的推进器共同作用实现水下检测机器人的升沉与翻转运动。

控制系统调试完成后，如图4-17、图4-18所示，需要将机械结构与控制模块进行组装。图4-19是一套完整的水下检测机器人系统，由4个部分组成：水面控制台、电源柜、脐带缆及ROV本体。

图4-17　内部电路板组装

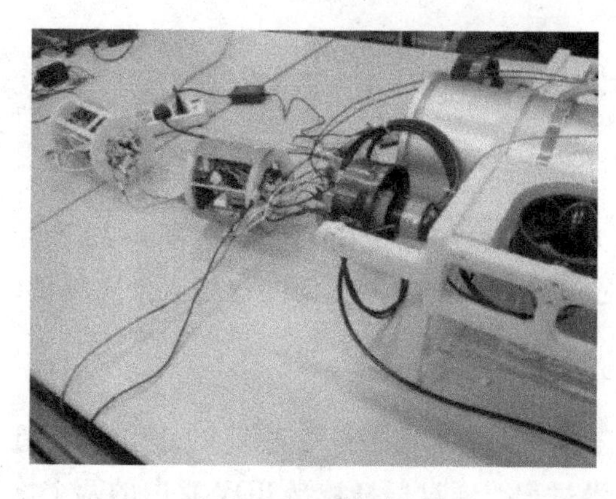

图4-18　系统联调

图4-19　水下检测机器人系统

4.5 水下试验

4.5.1 ROV平衡调试

ROV进行水下测试时需要进行平衡调试，如图4-20所示，即机器人在水中处于静止状态的情况下需保持平衡，同时，机器人的重心与浮心在一条线上且垂直于水面。机器人在水池中静止时处于平衡状态，浮力略大于重力，这样可以保证机器人在出现故障时能够上浮至水面。如图4-20所示，通过调整机器人外壳内部的配重片使水下检测机器人达到平衡状态，调整后的机器人重量为11.6kg，满足技术参数要求。

图4-20 水下检测机器人平衡调试

4.5.2 ROV水池试验

对水下检测机器人进行水池试验验证水下检测机器人的功能性、稳定性及可靠性。机器人在水池中能够成功完成直航、转艏、横滚等运动姿态，且水下灯控制正常，传感器数据采集正常，视频图像传输清晰。

1. 直航试验

通过操纵摇杆直接控制机器人直航，如图4-21所示。ROV能够保持直航，且其左右两翼保持平衡。

2. 转艏试验

在实际应用中，操纵人员控制水下检测机器人应能通过转艏绕过障碍物。图4-22所示为水下检测机器人转艏测试，本ROV转艏设计是通过尾部推进器相反的作用力来实现的，从而达到原地回转的效果。

3. 上浮和下潜试验

机器人在实际工作时，需要下潜至水中，在不同深度的水域进行观测作业，因此需要其实现上浮、下潜的功能。图4-23所示为ROV下潜过程，通过摇杆控制ROV垂向的两个推进器便可实现上浮、下潜的动作。

图 4-21　直航

图 4-22　转艏

4. 翻转试验

通过两个垂向推进器的相反作用力实现机器人的翻转，如图 4-24 所示。实现翻转功能便于实现机器人的定横倾角，这样机器人就可以竖直地通过狭窄的水下环境。

5. 水池观测试验

此款水下检测机器人最重要的观测设备就是云台摄像机，摄像机拍摄图像的清晰度决定了 ROV 的应用范围。如图 4-25 所示，在水池中拍摄到的视频信号非常清晰，能够满足水下检测机器人 ROV 的性能指标。但是由于舱内温度过高，而水下温度低，容易在亚克力球罩中产生雾气，导致摄像机视线模糊，难以完成聚焦任务，因此需要在舱内增加干燥剂，去除湿气。

4.5.3　ROV 千岛湖试验

水池试验圆满成功后，对机器人的耐压舱、水下灯等配件进行打压试验，在打压试验中，打压至 3.5MPa，如图 4-26 所示，舱体取出后并未出现漏水现象。然后进行为期两天的千岛湖试验，在真实的水下环境下，检验水下检测机器人的各项功能与性能。

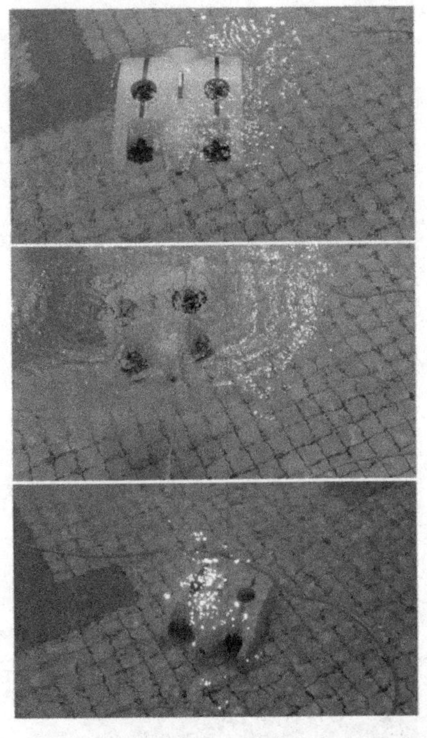

图 4-23　ROV 下潜

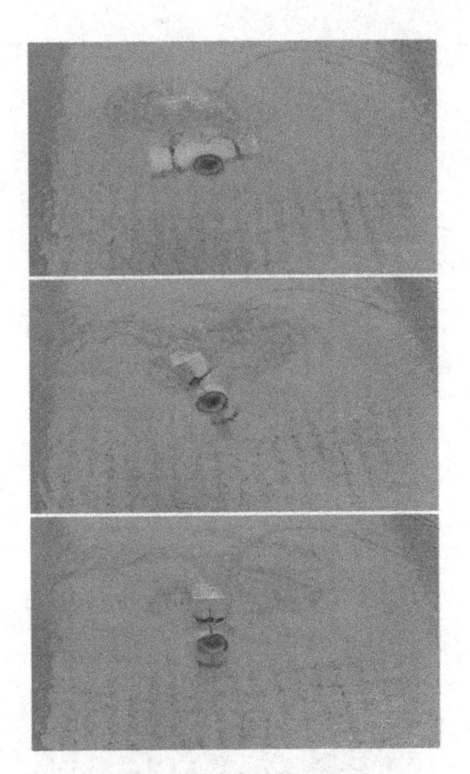

图 4-24　ROV 翻转

图 4-25　水池中结构物观测

1. 功能性试验

首先对机器人进行功能性测试，即对本体水面平衡、控制台面板操纵、上下位机通信[56]、水下图像采集[57]、摄像云台控制、抓图与视频录像、深度信息采集、导航数据采集、舱内温湿度采集、水下灯控制及推进器控制进行多次测试，此水下检测机器人实现了预定的功能，均未出现异常。

如图 4-27 所示，水下检测机器人在观测水中船体结构物，从图片中可以清晰地看到船

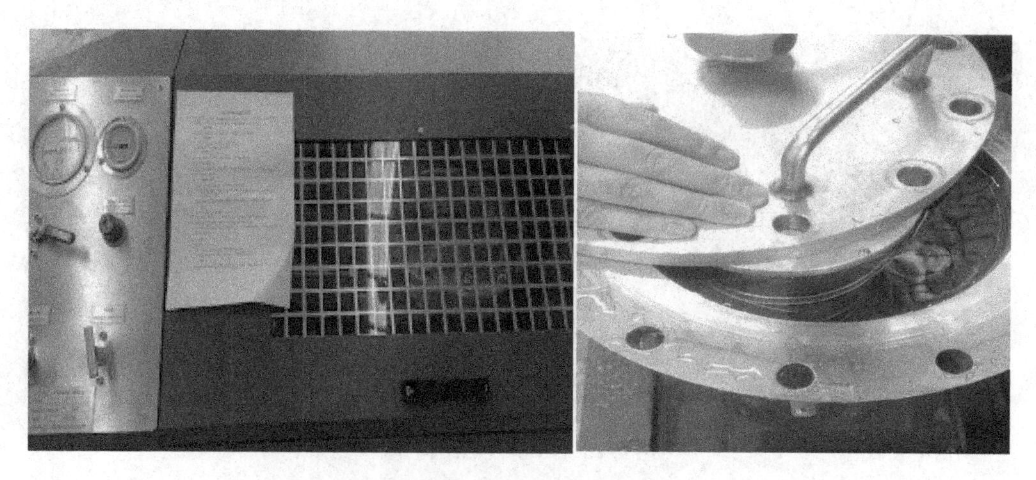

图 4-26　耐压舱打压试验

体表面的附着物，为船体表面的清洗提供了帮助。

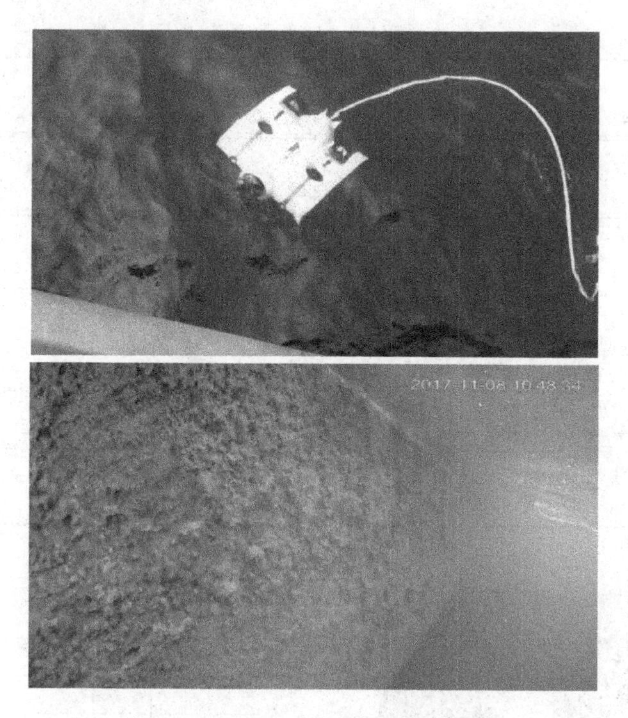

图 4-27　ROV 观测水中船体结构物

云台摄像机的对焦功能可以很轻松地采集到水下结构物照片，并且清晰度高，如图 4-28 所示。

2. 运动性试验

在实际运动控制中，直接采用增量式 PID 实现对艏向、垂向及翻滚姿态的闭环控制。机器人的运动性能测试，主要是测试机器人的姿态控制性能。对机器人进行艏向定航控制，初始艏向角设置为 $-42°$，每 5s 采集一次惯导航向值，如表 4-1 所示，并绘制航向曲线，如图 4-29 所示。机器人在水面进行定航向运动时，会受到浪的影响，并且具有极强的不确定

图 4-28　ROV 观测结构体

性，因此在实际试验中，艏向角的采集存在波动，虽然控制精度不高，但 ROV 可以迅速调整航向，保持定航向行驶。

表 4-1　定航数据

时间/s	0	5	10	15	20	25
航向/(°)	-42	-43	-41	-41	-45	-42
时间/s	30	35	40	45	50	55
航向/(°)	-43	-42	-44	-42	-43	-45
时间/s	60	65	70	75	80	85
航向/(°)	-41	-45	-44	-45	-42	-41
时间/s	90	95	100	105	110	115
航向/(°)	-43	-42	-43	-45	-42	-43
时间/s	120	125	130	135	140	145
航向/(°)	-42	-43	-44	-42	-44	-40
时间/s	150	155	160			
航向/(°)	-46	-40	-45			

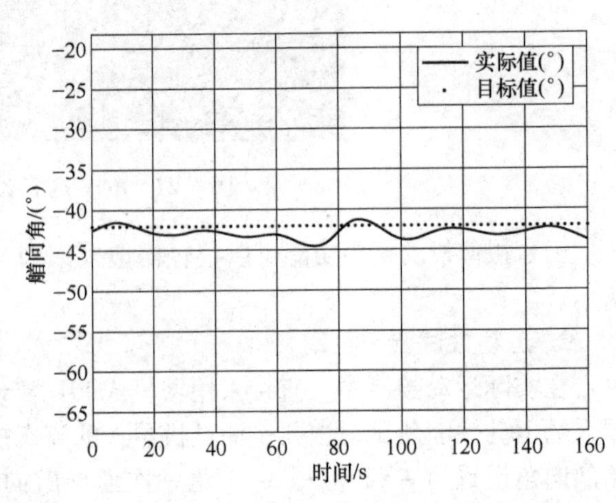

图 4-29　定航试验

对ROV进行定深试验，设置深度值为9.8m，记录采集到的深度值，如表4-2所示，绘制深度曲线，如图4-30所示。

表4-2 定深数据

时间/s	0	5	10	15	20	25
深度/m	9.83	9.78	9.82	9.82	9.79	9.81
时间/s	30	35	40	45	50	55
深度/m	9.80	9.80	9.84	9.79	9.82	9.83
时间/s	60	65	70	75	80	85
深度/m	9.81	9.79	9.80	9.82	9.82	9.80
时间/s	90	95	100	105	110	
深度/m	9.82	9.83	9.82	9.81	9.81	

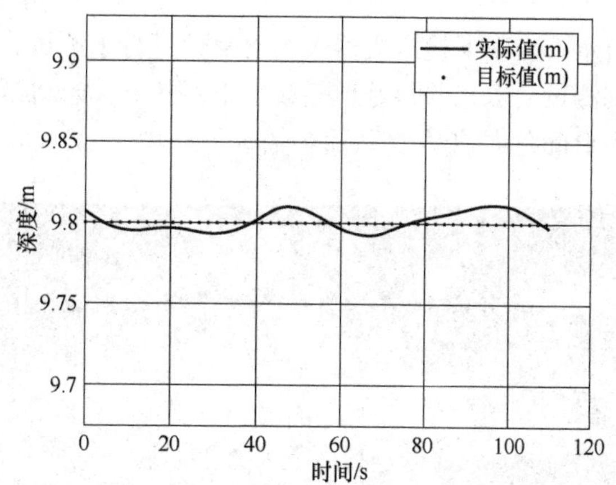

图4-30 定深试验

由图4-30所示的曲线可以看出，机器人在水中定深航行时，深度值在误差允许范围内，保持定深特性。并且推进器可以根据深度计的值进行调节，从而达到定深的功能，控制系统满足定深要求。

如图4-31所示，对ROV进行定横滚试验，设置横倾角为123°，记录采集到的横倾角，如表4-3所示，并绘制横倾角曲线，机器人在水中可以保持翻滚状态，这种姿态控制的实现，扩大了水下机器人的应用范围。

表4-3 定横滚数据

时间/s	0	5	10	15	20	25	30
横倾角/(°)	123	122	124	124	123	122	122
时间/s	35	40	45	50	55	60	
横倾角/(°)	123	122	124	123	122	123	

3. 深度密封试验

水下检测机器人下潜至千岛湖的湖底，深度约为68m，对湖底环境进行了观测，如图4-32

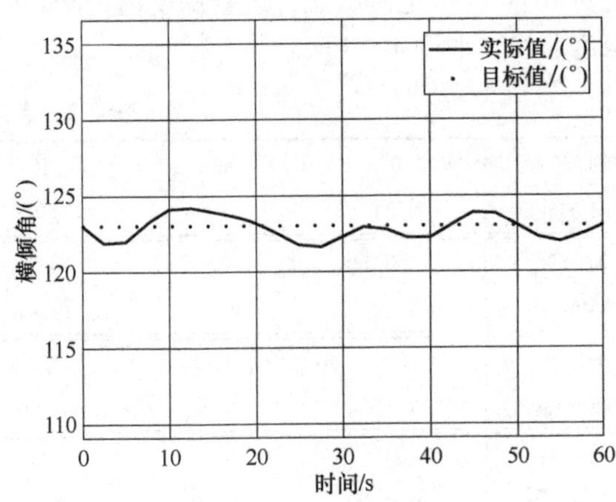

图4-31　定横滚试验

所示。对水下检测机器人的密封性进行了测试，最终，机器人在水下密封效果良好，可以达到测试要求，并很好地完成了下潜任务。若机器人在浑浊水域进行目标跟随或水下打捞时，需要配备声呐[58]，从而扫描水下环境。

图4-32　湖底土丘及湖底图

4. 航速测试

为验证水下检测机器人能否达到设计航速，对 ROV 进行了航速测试，试验数据如表4-4所示。

表4-4　航速数据

序　号	位移/m	时间/s	速度/(m/s)	速度/kn
1	28	28	1.0000	1.9438
2	34	26	1.3077	2.5420
3	30	23	1.3043	2.5354

由于脐带缆的作用力太大，因此机器人很难达到设计航速，后期需改进脐带缆的柔韧度及其粗细，减小脐带缆对机器人的阻力及干扰。并且由于机器人流线型的结构设计，机器人在向前全速航行时，会向水下俯冲，其位移距离短，导致测试航速不准确。

4.6　本章小结

本章从两个部分分别阐述了水下检测机器人控制系统的软件设计。水面控制系统软件包括面板信号采集控制器软件和水面监控软件，水下控制系统软件设计包括舱内主、从控制器的软件设计，并分别给出了程序设计的流程图。本章主要对设计好的机器人进行系统调试和水下试验。首先对机器人各个模块逐一调试，验证其可靠性后，进行系统联合调试及 ROV 本体组装；其次完成 ROV 本体的配平，使其在水中保持平衡；最后进行水池试验及湖试，验证水下检测机器人的功能性、稳定性及可靠性。论证增量式 PID 控制在机器人艏向定航及垂向定深控制上的可行性。

思考题

1. 查阅资料了解一下，现在用于编写人机交互界面的语言和软件有哪些？
2. 电源模块的散热可以使用哪些方法？具体说明本书采用了什么方法。
3. 多线程编程是什么意思？多线程的优缺点有哪些？
4. 水下检测机器人水面与水下的通信主要为串口通信和网络通信，请简述两种通信的特点。
5. 水下机器人的功能各有不同，请结合功能上的不同或者应用领域的不同，具体阐述几种不同用途的水下机器人。

第 5 章 水下检测机器人控制器设计

5.1 引言

水下安全检测有缆遥控机器人的研制对船体表面结构物观测具有很大的帮助，同时它可以给海洋平台及大坝水下安全检测带来便利。水下机器人在水中浮游观测时，需要特定的运动姿态，但水下环境错综复杂，机器人又是非线性系统，因此对水下机器人运动姿态的控制难度很大。国内很多学者在水下机器人运动姿态控制领域做了较多研究。当水下机器人遇到因为水下暗流或水面波浪等干扰而引起的机器人控制性能下降时，需要机器人能够根据自身状态来调整控制姿态，控制器需要具有一定的自适应能力。

本章主要针对水下机器人的艏向运动、垂向运动进行控制分析，并优化解决控制初始阶段出现超调、振荡严重的问题。为研究 ROV 的运动规律，以自主研制的水下安全检测机器人为研究对象，首先建立水下机器人运动学及动力学模型，然后对模型进行简化和参数辨识。

5.2 水下检测机器人模型的建立

5.2.1 ROV 运动学模型

1. ROV 运动坐标系的建立

想要获取 ROV 运动的位置和姿态，就要建立水下机器人运动参考坐标系。通常 ROV 的坐标系均采用国际水池会议（ITTC）和造船与轮机工程学会（SNAME）术语公报推荐的体系[51]，其建立了两种坐标系，即固定坐标系 $E\text{-}\xi\eta\zeta$ 和运动坐标系 $G\text{-}xyz$，如图 5-1 所示。

坐标系 $E\text{-}\xi\eta\zeta$ 是固定在地球的惯性坐标系，其原点为 E 固定于母船上的一点；$E\xi$ 轴为水平轴，是 ROV 的正航向；$E\eta$ 轴和 $E\xi$ 轴在同一水平面，$E\zeta$ 轴垂直于 $E\eta$ 轴和 $E\xi$ 轴所在的水平面；并且按右手法则将 $E\xi$ 轴绕 $E\zeta$ 轴顺时针旋转 90°即可与 $E\eta$ 轴重合。

运动坐标系 $G\text{-}xyz$ 固定在水下机器人本体上，并跟机器人共同运动，它的原点可以看作是水下机器人重心 G；纵轴 Gx 沿 ROV 尾部指向首部，方向为机器人的正方形；横轴 Gy 与

纵轴 Gx 在同一水平面内且互相垂直，方向由右舷指向左舷；垂轴 Gz 指向水下机器人底部，垂直于横轴 Gy 与纵轴 Gx 所在的平面。

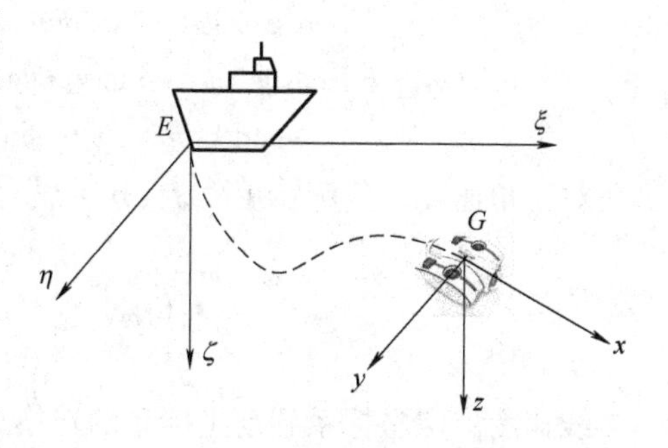

图5-1　ROV坐标系

2. ROV运动及动力学参数的定义

水下机器人在水中做6个自由度的刚体运动，有3个方向为按轴向移动，有3个方向为按轴旋转。水下机器人的位置和姿态都可以用动坐标系 $G\text{-}xyz$ 的原点（机器人的重心）在定坐标系 $E\text{-}\xi\eta\zeta$ 上的坐标值（x，y，z）和动系相对于定系的3个欧拉角（ψ，θ，φ）来确定。其中 ψ 角为艏向角，θ 角为纵倾角，φ 角为横倾角。水下机器人本体重心相对于固定坐标系 $E\text{-}\xi\eta\zeta$ 的线速度在 $G\text{-}xyz$ 坐标系上的投影分别为纵向移动速度 u、横向移动速度 v、垂向移动速度 w；机器人角速度在 $G\text{-}xyz$ 坐标系上的投影分别为横倾角速度 p、纵倾角速度 q、偏航角速度 r；水下机器人所受外力在运动坐标系上的投影分别为纵向力 X、横向力 Y、垂向力 Z；所受外力矩在 $G\text{-}xyz$ 坐标系上的投影分别为横摇力矩 K、俯仰力矩 M、回转力矩 N。力和速度的正向与坐标轴的正向一致，力矩和角速度沿坐标轴正向用右手定则确定。

虽然脐带缆对ROV的运动有一定的影响[52]，但为了简化模型，这里忽略脐带缆对机器人的影响。ROV运动及动力学参数的定义[53]如表5-1所示。

表5-1　ROV参数定义

运动参数				力的参数	
名　称	参　数	名　称	参　数	名　称	参　数
纵向位移	x	纵向移动速度	u	纵向力	X
横向位移	y	横向移动速度	v	横向力	Y
垂向位移	z	垂向移动速度	w	垂向力	Z
横倾角	φ	横倾角速度	p	横摇力矩	K
纵倾角	θ	纵倾角速度	q	俯仰力矩	M
艏向角	ψ	偏航角速度	r	回转力矩	N

3. 运动坐标系和固定坐标系间的旋转变换

动坐标系与定坐标系之间的向量转换，已有文献［54］给出，定义向量如下：

$\boldsymbol{\eta}=(\boldsymbol{\eta}_1\quad\boldsymbol{\eta}_2)^{\mathrm{T}}$ 为水下机器人在运动坐标系下的位置和姿态角，其中，$\boldsymbol{\eta}_1=(x\quad y\quad z)^{\mathrm{T}}$，$\boldsymbol{\eta}_2=(\varphi\quad\theta\quad\psi)^{\mathrm{T}}$；

$\boldsymbol{v}=(\boldsymbol{v}_1\quad\boldsymbol{v}_2)^{\mathrm{T}}$ 为水下机器人在固定坐标系下的线速度和角速度，$\boldsymbol{v}_1=(u\quad v\quad w)^{\mathrm{T}}$，$\boldsymbol{v}_2=(p\quad q\quad r)^{\mathrm{T}}$；

$\boldsymbol{\tau}=(\boldsymbol{\tau}_1\quad\boldsymbol{\tau}_2)^{\mathrm{T}}$ 为水下机器人在体坐标系下所受的全部作用力与力矩，$\boldsymbol{\tau}_1=(X\quad Y\quad Z)^{\mathrm{T}}$，$\boldsymbol{\tau}_2=(K\quad M\quad N)^{\mathrm{T}}$。

对于线速度，其旋转矩阵 $\boldsymbol{J}_1(\boldsymbol{\eta}_2)$ 为

$$J_1(\boldsymbol{\eta}_2)=\begin{pmatrix}\cos\theta\cos\psi & \sin\varphi\sin\theta\cos\psi-\cos\varphi\sin\psi & \cos\varphi\sin\theta\cos\psi+\sin\varphi\sin\psi\\ \cos\theta\sin\psi & \sin\varphi\sin\theta\sin\psi+\cos\varphi\cos\psi & \cos\varphi\sin\theta\sin\psi-\sin\varphi\cos\psi\\ -\sin\theta & \sin\varphi\cos\theta & \cos\varphi\cos\theta\end{pmatrix} \tag{5-1}$$

对于角速度，其旋转矩阵 $J_2(\boldsymbol{\eta}_2)$ 为

$$J_2(\boldsymbol{\eta}_2)=\begin{pmatrix}1 & \sin\varphi\tan\theta & \cos\varphi\tan\theta\\ 0 & \cos\varphi & -\sin\varphi\\ 0 & \sin\varphi\sec\theta & \cos\varphi\sec\theta\end{pmatrix} \tag{5-2}$$

线速度由定坐标系到动坐标系的转换矩阵为 $J_1^{-1}(\boldsymbol{\eta}_2)$，由于 $J_1(\boldsymbol{\eta}_2)$ 为正交矩阵，所以可得

$$J_1^{-1}(\boldsymbol{\eta}_2)=J_1^{\mathrm{T}}(\boldsymbol{\eta}_2) \tag{5-3}$$

机器人运动的角速度由定坐标系到动坐标系的转换矩阵为

$$J_2^{-1}(\boldsymbol{\eta}_2)=\begin{pmatrix}1 & 0 & -\sin\theta\\ 0 & \cos\varphi & \sin\varphi\cos\theta\\ 0 & -\sin\varphi & \cos\varphi\cos\theta\end{pmatrix} \tag{5-4}$$

但是当 $\theta=\pm90°$时，矩阵 $J_2(\boldsymbol{\eta}_2)$ 不存在，所以一般情况下，水下机器人的横倾角和纵倾角限制在一定的范围内，即

$$横倾角\ \varphi：\ -\pi<\varphi\leqslant\pi$$

$$纵倾角\ \theta：\ -\frac{\pi}{2}<\theta<\frac{\pi}{2}$$

从而可得，ROV 运动学模型为

$$\begin{pmatrix}\dot{\boldsymbol{\eta}}_1\\ \dot{\boldsymbol{\eta}}_2\end{pmatrix}=\begin{pmatrix}J_1(\boldsymbol{\eta}_2) & \boldsymbol{O}_{3\times3}\\ \boldsymbol{O}_{3\times3} & J_2(\boldsymbol{\eta}_2)\end{pmatrix}\begin{pmatrix}\boldsymbol{v}_1\\ \boldsymbol{v}_2\end{pmatrix} \tag{5-5}$$

通过合理地调平衡后，机器人的横倾角和纵倾角为零，这时上述转换矩阵可以简化为

$$J_1(\boldsymbol{\eta}_2)=\begin{pmatrix}\cos\psi & -\sin\psi & 0\\ \sin\psi & \cos\psi & 0\\ 0 & 0 & 1\end{pmatrix} \tag{5-6}$$

5.2.2 ROV 动力学模型

机器人在水中做 6 个自由度的运动，在运动坐标系下可以使用下述方程描述水下机器人动力学特性[55-56]：

$$\boldsymbol{M}\dot{\boldsymbol{v}}+\boldsymbol{C}(\boldsymbol{v})\boldsymbol{v}+\boldsymbol{D}(\boldsymbol{v})\boldsymbol{v}+\boldsymbol{g}(\boldsymbol{\eta})=\boldsymbol{\tau}$$
$$\dot{\boldsymbol{\eta}}=\boldsymbol{J}(\boldsymbol{\eta})\boldsymbol{v} \tag{5-7}$$

式中 $\boldsymbol{\eta}$——固定坐标系下 ROV 的位置姿态向量，$\boldsymbol{\eta}=(x\quad y\quad z\quad \varphi\quad \theta\quad \psi)^{\mathrm{T}}$；

$\boldsymbol{v}$——运动坐标系下机器人的线速度及角速度向量，$\boldsymbol{v}=(u\quad v\quad w\quad p\quad q\quad r)^{\mathrm{T}}$；

$\boldsymbol{J}(\boldsymbol{\eta})$——转换矩阵，$\boldsymbol{J}(\boldsymbol{\eta})=\begin{pmatrix}J_1(\boldsymbol{\eta}_2) & \boldsymbol{O}\\ \boldsymbol{O} & J_2(\boldsymbol{\eta}_2)\end{pmatrix}$；

$\boldsymbol{M}$——ROV 惯性矩阵，$\boldsymbol{M}\in\boldsymbol{R}^{6\times6}$；

$\boldsymbol{C}(\boldsymbol{v})$——ROV 科氏向心力矩阵，$\boldsymbol{C}(\boldsymbol{v}) \in \boldsymbol{R}^{6\times6}$；

$\boldsymbol{D}(\boldsymbol{v})$——ROV 流体阻力矩阵，$\boldsymbol{D}(\boldsymbol{v}) \in \boldsymbol{R}^{6\times6}$；

$\boldsymbol{g}(\boldsymbol{\eta})$——重力和浮力共同作用形成的回复力矩阵，$\boldsymbol{g}(\boldsymbol{\eta}) \in \boldsymbol{R}^{6\times1}$；

$\boldsymbol{\tau}$——ROV 推进器产生的力矩向量，$\boldsymbol{\tau} \in \boldsymbol{R}^{6\times1}$。

由于水下机器人在观测作业过程中航行速度低，可以忽略科氏向心力的作用；机器人的运动方式主要有前行、后退、上浮、下潜及转艄，所以可将它的运动方式看作是简单的单自由度运动，且各自由度之间的耦合性很小；并且机器人的运动坐标原点与重心重合。令水下机器人的重力浮力分别为 G 和 B，从而可将模型简化[57]为

$$\boldsymbol{M}\dot{\boldsymbol{v}} + \boldsymbol{D}(\boldsymbol{v})\boldsymbol{v} + \boldsymbol{g}(\boldsymbol{\eta}) = \boldsymbol{\tau} \tag{5-8}$$

式中　$\boldsymbol{M}$——质量及惯性矩阵，$\boldsymbol{M} = \mathrm{diag}\{m + X_{\dot{u}} \quad 0 \quad m + Z_{\dot{w}} \quad 0 \quad 0 \quad I_z + N_{\dot{r}}\}$；

$\boldsymbol{D}(\boldsymbol{v})$——流体阻力矩阵，$\boldsymbol{D}(\boldsymbol{v}) = \mathrm{diag}\{X_u + X_{u|u|}|u| \quad 0 \quad Z_w + Z_{w|w|}|w| \quad 0 \quad 0 \quad N_r + N_{r|r|}|r|\}$；

$\boldsymbol{g}(\boldsymbol{\eta})$——重力及浮力向量，$\boldsymbol{g}(\boldsymbol{\eta}) = (0 \quad 0 \quad G-B \quad 0 \quad 0 \quad 0)^{\mathrm{T}}$。

从而，可得到 ROV 在 3 个自由度方向上的动力学模型，且其在运动坐标系中单自由度动力学模型为

$$m_\zeta\dot{\zeta} + d_\zeta\zeta + d_{\zeta|\zeta|}\zeta|\zeta| + g_\zeta = \tau_\zeta \tag{5-9}$$

式中　m_ζ——惯性系数；

d_ζ 和 $d_{\zeta|\zeta|}$——分别是一次阻力系数和二次阻力系数；

g_ζ——ROV 重力及浮力的合力矩在 ζ 自由度方向上的分量；

τ_ζ——推进器所产生的推力在 ζ 自由度所产生的作用力。

想要获取 ROV 动力学模型，需要机器人在水中运动时的水动力系数，现在主要的获取方法有经验法、试验法和 CFD 法[58]，这里基于 FLUENT 软件对水下机器人进行数值模拟辨识。图 5-2 为回转角速度对应阻力分布的数据，图 5-3 为下潜速度对应阻力分布的数据。

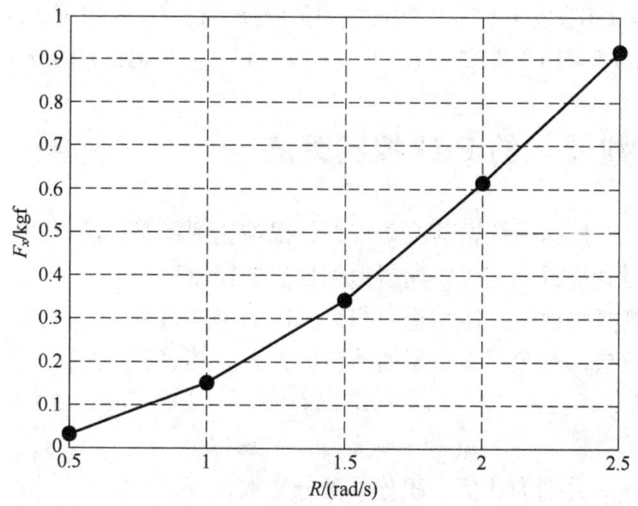

图 5-2　回转角速度对应阻力分布的数据

注：1kgf≈9.8N，后同。

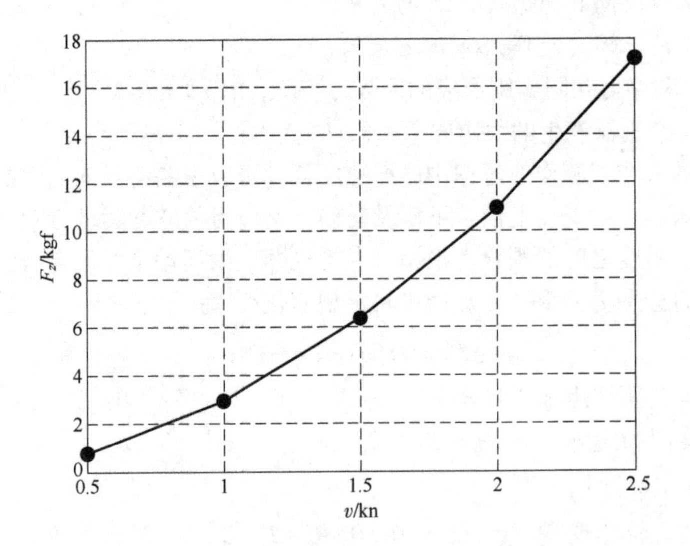

图 5-3　下潜速度对应阻力分布的数据

通过 MEMS 微型航姿惯性导航系统可以获得 ROV 的艏向角，通过艏向角对时间的微分获得艏向角速度、艏向角加速度。利用最小二乘参数估计方法[59]求得水下机器人艏向的动力学模型为

$$5.1\dot{r}-0.93r-1.15r|r|=\tau_r \tag{5-10}$$

同理，通过深度计获得 ROV 的下潜深度，通过深度值对时间的微分获得下潜速度、下潜加速度。求得水下安全检测机器人垂向的动力学模型为

$$16.86\dot{v}_z-2.296v_z-25.76v_z|v_z|-2=\tau_{v_z} \tag{5-11}$$

系统采样周期设置为 100ms，对式（5-10）和式（5-11）运用欧拉离散化处理，求取近似方程，得

$$r(k)=1.02r(k-1)+0.02r(k-1)|r(k-1)|+0.0196\tau_r(k-1) \tag{5-12}$$

$$v_z(k)=1.014v_z(k-1)+0.15v_z(k-1)|v_z(k-1)|+0.012+0.006\tau_{v_z}(k-1) \tag{5-13}$$

5.3　水下检测机器人的 PID 控制算法

在控制初始阶段，控制系统振荡波动较大，很难达到稳态，所以在控制初始阶段引入增量式 PID 控制算法对其进行整定，以期望达到理想的控制效果。

增量式 PID 控制算法由于控制增量只与近几次的采样值有关，因此它不需要进行多次累加就可以达到控制效果，避免了多次累加计算的繁杂。其表达式为

$$\begin{gathered}\Delta u(k)=K_{\mathrm{p}}[e(k)-e(k-1)]+K_{\mathrm{I}}e(k)+K_{\mathrm{D}}[e(k)-2e(k-1)+e(k-2)]\\u(k)=u(k-1)+\Delta u(k)\end{gathered} \tag{5-14}$$

式中　K_{p}、K_{I}、K_{D}——分别为比例、积分、微分常数；

$e(k)$——k 时刻的输出误差。

这样通过 PID 对控制初始阶段整定，水下机器人的控制能快速进入稳定状态。

5.4　水下检测机器人控制仿真实验

5.4.1　ROV 艏向定航控制仿真

水下机器人在水中浮游运动时需要操纵摇杆控制水下机器人的航向，但当航向目标确定时，需要定航向驶向目标，这就需要对机器人进行艏向定航控制。

艏向运动模型为式（5-12），首先对机器人艏向定航进行 PID 控制仿真。

如图 5-4 所示，通过仿真可以看出，对机器人定航控制采用 PID 控制算法时，系统有超调，且达到稳态的时间较长；当给定艏向角变化时，依然会有超调。

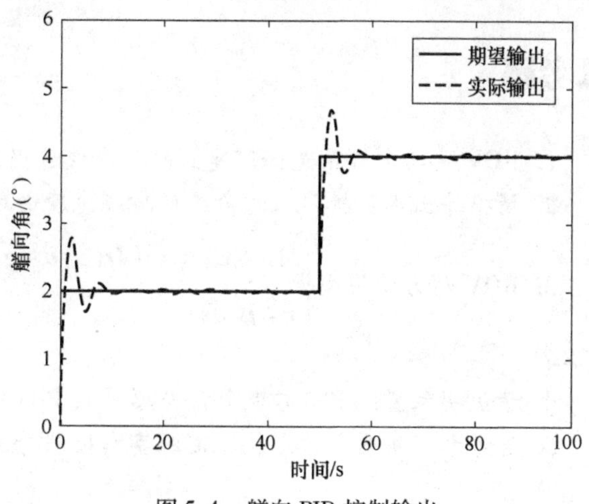

图 5-4　艏向 PID 控制输出

5.4.2　ROV 垂向定深控制仿真

当水下机器人对特定深度进行水下观测时需要垂向定深控制，使机器人处于特定的水深进行结构物观测。

垂向运动模型为式（5-13），同样地，先对其进行 PID 仿真，如图 5-5 所示。

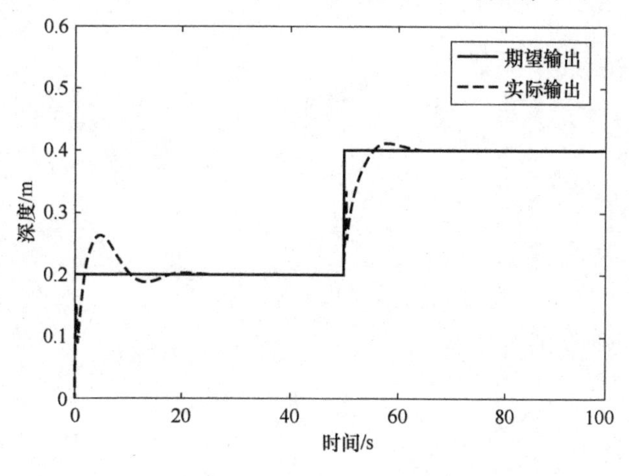

图 5-5　定深 PID 控制输出

5.5　本章小结

本章设计了水下安全检测机器人运动控制器。首先对自主研发的水下机器人进行建模，包括运动学模型和动力学模型，得到水下机器人艏向控制及垂向控制的数学模型；其次引入PID 控制对控制初始阶段进行整定；最后给出了机器人艏向定航控制及垂向定深控制的仿真实验；仿真发现引入 PID 控制器后，系统初始阶段虽有超调，但是很快可以达到稳态。

思考题

1. ROV 运动坐标系是如何建立的？应该遵循什么样的规则？并说明各参数的含义。
2. 请推导出水下机器人的角速度与线速度由定坐标系到动坐标系的旋转坐标。
3. ROV 动力学模型$\begin{cases}\boldsymbol{M}\dot{\boldsymbol{v}}+\boldsymbol{C}(\boldsymbol{v})\boldsymbol{v}+\boldsymbol{D}(\boldsymbol{v})\boldsymbol{v}+\boldsymbol{g}(\boldsymbol{\eta})=\boldsymbol{\tau}\\ \dot{\boldsymbol{\eta}}=\boldsymbol{j}(\boldsymbol{\eta})\boldsymbol{v}\end{cases}$，式中各数学符号所代表的含义是什么？
4. 请说明位置式 PID 控制算法与增量式 PID 控制算法之间的区别以及各自的优点。
5. 思考水下机器人除定航、定深姿态控制外，还有哪些功能模块可采用 PID 控制算法。

第 6 章 “探海 I 型”自主水下机器人（AUV）总体设计

6.1　性能指标

该自主水下机器人（AUV）由水上部分和水下部分组成：水上部分主要包括水面控制台（水上光端机、无线数传设备）、水密光纤套组和监控计算机；水下部分主要为 AUV 本体，其作为该系统的重要组成部分，在物理实体上主要包括：艏段、艏部推进段、电子舱段、艉部推进段和主推进段。

6.1.1　功能和性能指标要求

1. 鱼雷形全驱动 AUV

技术参数如表 6-1 所示。

表 6-1　AUV 关键技术参数

对　象	指　标
长度/m	≤2.2
直径/mm	≤220
最大水深/m	60
最大航速/kn	2.5
空气中净重/kg	≤65
续航时间/h	6
通信距离/km	水面≥3，水下 0.5
推进电动机	两个垂推电动机、两个侧推电动机、一个主推电动机
导航传感器	光纤惯导、深度计、DVL、GPS
声视觉照明	前视扫描声呐、水下摄像机、水下照明灯

2. 运动控制

AUV 配备由 GPS、单轴光纤陀螺、姿态传感器、多普勒计程仪及压力传感器（深度计）组成的航位推算导航定位系统，根据航位推算系统给出的位姿信息，实现以下功能：

1）水下动力定位控制：根据航位推算进行动力定位控制30min，水下原地动力定位误差小于1m。

2）定深定向定速控制：给定目标深度、目标航向，进行定深定向控制，深度误差小于0.2m，航向误差小于1°。

3）水面航迹跟踪控制：给定水面航迹，依赖GPS信号进行水面航迹跟踪控制，航迹跟踪误差不大于5m。

4）水下航迹跟踪控制：给定目标航迹，进行大地坐标系下水下航迹跟踪控制，大地坐标系下x、y向轨迹跟踪误差小于0.3m，深度误差小于0.2m，航向误差小于1°。

5）水下路径跟踪控制：给定水下路径，依赖航位推算系统进行水下路径跟踪控制，路径跟踪误差不大于1m。

3. 图像处理

1）为水下摄像机配有专用的PC104计算机处理系统，能够通过图像采集卡实时采集水下摄像机图像，并能够开展视觉图像处理技术研究。

2）为前视扫描成像声呐配有专用的PC104计算机处理系统，能够实时采集声呐图像，并能够开展声呐图像处理技术研究。

6.1.2 操控模式

AUV需要具有3种典型的作业模式：

1）网络遥控作业模式：光纤遥控作业模式、脐带缆遥控作业模式和WiFi遥控作业模式统称为网络遥控作业模式。机器人与水面控制系统之间通过网络通信实现信息交互，在采用光纤遥控作业模式时AUV既可在水面作业也可在水下作业。

2）水面无线遥控作业模式：AUV在水面航行时，与水面控制系统之间通过无线电进行信息通信，机器人接收水面控制系统的遥控指令，并将各种工况信息反馈给水面控制系统。

3）自主航行作业模式：水下机器人根据水面控制系统设定好的航行使命（包括航迹、航速、巡航时间和定深等参数）自主进行水下作业，当AUV完成工作浮出水面时，发送AUV状态信息和航行数据。

6.2 总体方案设计

江苏科技大学自主研发的“探海Ⅰ型”自主水下机器人，整体外观上采用鱼雷形结构，这种结构具有良好的水动力外形和较小的航行阻力。整个结构采用多段式，从而方便了安装和拆卸。不同舱段之间通过密封端板进行隔离，舱与舱之间通过接插件与线缆进行连通。同时考虑到试验环境的多样性，本AUV在推进系统上采用多推进器的设计结构，包括艏部侧推、艏部垂推、艉部侧推、艉部垂推和主推进器这5路推进器，保证了AUV可以在湖泊、水池等各种环境中进行试验。

6.2.1 工作模式

为适应精简装备的需求，本AUV吸取ROV的工作特点，将工作模式分为3种：水面无线遥控作业模式、光纤遥控作业模式与水下自主作业模式。

6.2.2 总体组成

本 AUV 系统主要由水面设备和水下设备组成，如图 6-1 所示。水上设备主要由光端机（水上）、无线数传电台、光滑环、光纤绞盘和岸基控制单元等组成。水下部分为水下机器人实体，主要包括艏段、艏部推进段、电子舱段、艉部推进段和主推进段 5 大部分。

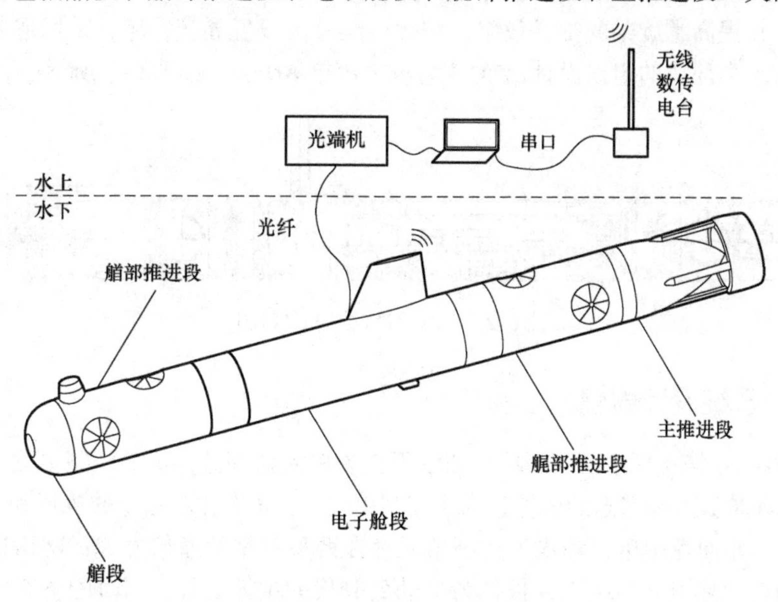

图 6-1 AUV 系统组成示意图

AUV 本体各部段组成结构如下：

（1）艏段

艏段主要包括：水下摄像机、避碰声呐、水下照明灯和艏段壳体。为了使水下机器人具有良好的流线型并兼顾艏部的安装空间，艏段壳体采用半球壳加圆柱壳的结构型式，水下摄像机、照明灯以及避碰声呐都单独密封，并通过水密电缆与电子舱段上的前密封端板相连。

（2）艏部推进段

艏部推进段主要包括：艏部侧向推进器、艏部垂向推进器和推进段壳体。壳体采用透水结构，艏段的水下摄像机、照明灯和避碰声呐的线缆穿过艏部推进段内腔与电子舱段上前密封端盖上的水密插座相连。

（3）电子舱段

电子舱段作为整个 AUV 系统的核心，主要包括：前挡板、后挡板、多普勒计程仪、天线、天线导流罩、仪器舱和电子舱段壳体。其中壳体与前挡板、后挡板、多普勒计程仪以及天线组成密封壳体，两端的密封端板上安装有水密接插件，通过水密接插件与水下摄像机、照明灯、前视声呐和推进电动机相连。

（4）艉部推进段

艉部推进段的结构与艏部推进段大致相同，为消除艏部推进与艉部推进作业时产生附加力矩对水下机器人的姿态造成不利影响，首尾两个侧推螺旋桨和首尾两个垂推螺旋桨的旋向相反。

（5）主推进段

主推进段主要包括：主推进器、安全抛载机构、尾翼板、尾舵、尾壳挡板和壳体。尾壳外形为椭球形，尾壳与尾壳挡板通过两道径向 O 形圈密封，组成密封腔体。安全抛载机构采用自持式电磁铁（抛载块重量 1kg）：电磁铁在断电时吸附重块，在供电时释放重块，其寿命大于 100 万次。

为提高水下机器人的直航保持能力，在航行体尾部设置尾翼板，尾翼板采用“X”形布置，在每块尾翼板后沿设置尾舵板，用于校正航行体航行时的姿态。同时，为了能有效保护主推螺旋桨，并提高螺旋桨的推进效率，在螺旋桨外围设置导管，导管采用尼龙材料制造。

根据以上 5 个部块的组成设计出 AUV 本体结构 CAD 图，如图 6-2 所示。

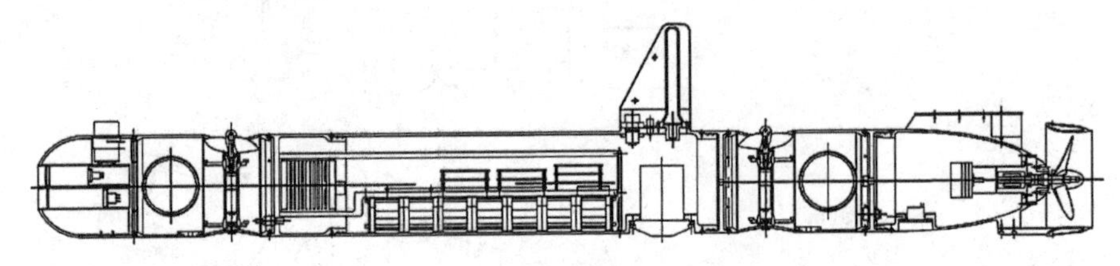

图 6-2　AUV 本体结构 CAD 图

6.2.3　控制系统设计思想

本 AUV 控制系统包括水面控制单元和水下控制单元两部分，水面控制单元主要负责控制指令的下达和机器人运行状态的监控，水下控制单元主要负责控制指令的执行和水下机器人航行状态的返回。水面控制单元和水下控制单元存在两种典型的通信方式：网络通信和无线通信。水下控制单元采用 PC104 工控板作为自动驾驶仪的主控制板，同时配备有独立的摄像机 PC104 板卡专门进行摄像头数据处理。整个控制系统结构框图如图 6-3 所示。

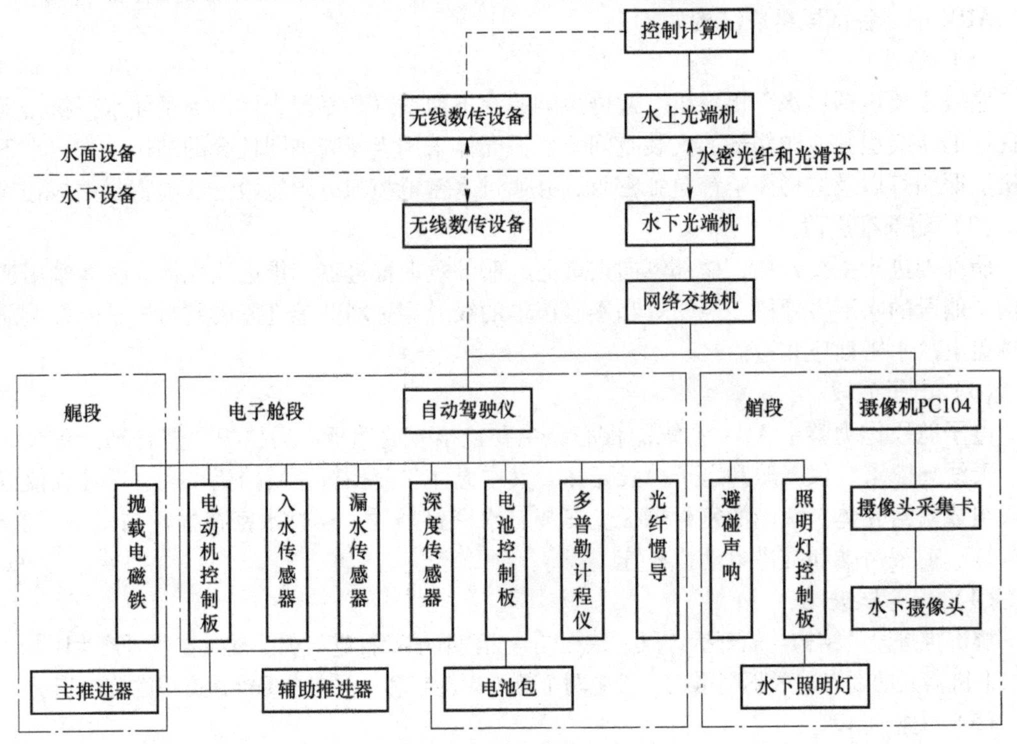

图 6-3　AUV 控制系统结构框图

本 AUV 在设计上采用分布式控制系统。相较于集中式控制系统，分布式控制具有可靠性高、实时性好、容易维护等诸多优点。采用分布式控制系统的自主水下机器人从控制结构上可分为水面控制单元、自动驾驶仪单元、运动控制单元、信息测量单元及导航单元，如图 6-4所示。

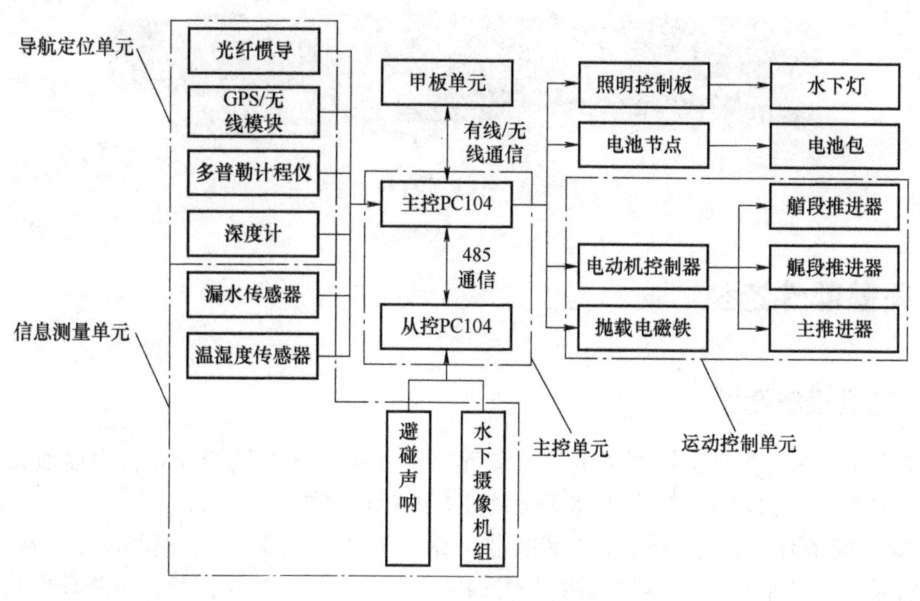

图 6-4　AUV 分布式系统图

6.3　实体样机研制

6.3.1　AUV 3D 模型

在进行 AUV 实体样机研制之前，需要先用三维制图软件根据技术要求和总体结构组成设计出 AUV 每个部段的虚拟模型，并将这些虚拟模型顺序装配，完成组装后将细节调整完好再输出设计图，利用 Solidworks 软件制作的 AUV 3D 虚拟样机三维结构如图 6-5 所示。

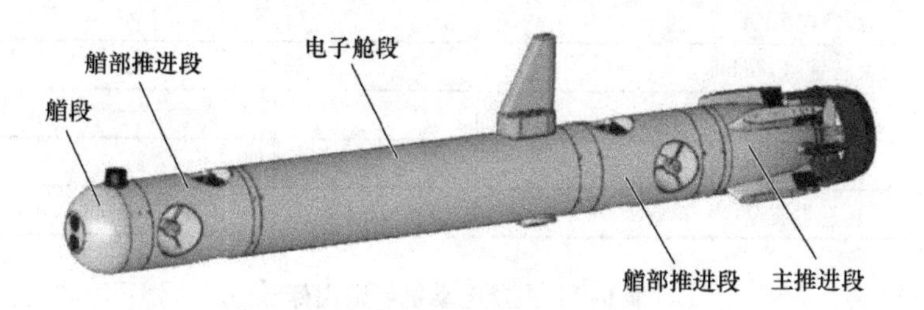

图 6-5　AUV 3D 虚拟样机

6.3.2　AUV 实体样机

通过对 AUV 的三维建模，可以对所要制作的实体 AUV 的设备布局、部段安排有一个系统的认知，能更好地在有限的空间和长度上达到所要求的目标。最后依照各部件的尺寸进行加工和组配，得到的实体样机如图6-6所示。

图6-6　AUV实体样机

6.4　关键部件选型

6.4.1　推进模块选型

推进模块作为自主水下机器人的推进单元，主要实现水下机器人6自由度航行，作为AUV动力定位、定深定向、路径跟踪等运动控制的执行机构。

本AUV配备有5路电动机，即两路侧推、两路垂推与一路主推。艏部侧推实现AUV的摇艏，艏部垂推实现AUV的俯仰，两路侧推共同实现AUV的平移控制，两路垂推共同实现AUV的上浮和下潜，主推实现AUV的前进后退。选用maxon公司的直流无刷电动机作为本AUV的推进模块。侧推/垂推电动机功率为25W，主推电动机功率为100W，满足了AUV的动力需求。其中侧推/垂推电动机主要参数如表6-2所示，主推电动机主要参数如表6-3所示，推进器实物如图6-7所示。

表6-2　侧推/垂推电动机参数指标

电动机类型	maxon无刷电动机
型号	EC-max 22
功率/W	25
额定电压/V	24
额定电流/A	1.4
最大转速/(r/min)	12900
极对数	1
相数	3
传感器类型	霍尔传感器

表6-3　主推电动机参数指标

电动机类型	maxon无刷电动机
型号	EC 60 flat
功率/W	100
额定电压/V	24

（续）

电动机类型	maxon 无刷电动机
额定电流/A	5.0
最大转速/(r/min)	6000
极对数	7
相数	3
传感器类型	霍尔传感器

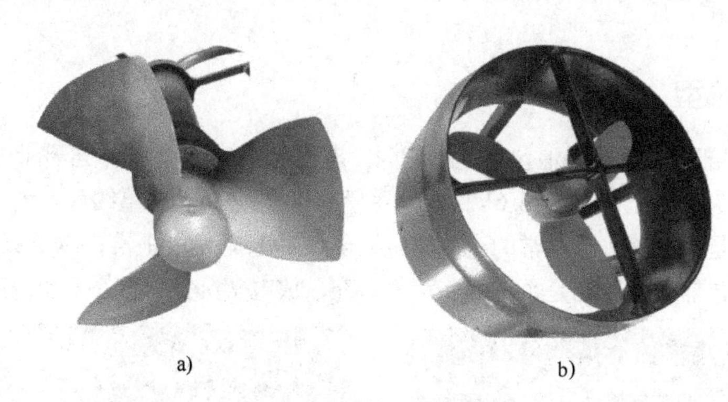

a)　　b)

图6-7　推进器实物图

a）侧推实物图　b）主推实物图

6.4.2　水下摄像头与照明灯选型

本AUV搭载的水下摄像头实现对水下物体的拍摄并将视频图像上传至水面监控计算机进行显示。本水下机器人配备有独立的PC104板卡专门进行摄像头数据的处理，并可将相应数据经由网络通信传至上位机。其性能参数如表6-4所示，实物如图6-8所示。

由于水下光线较为昏暗，水下机器人在执行任务的过程中往往需要额外的光源。本AUV安装有一盏20W水下照明灯，足以满足水下探测的需求。水下照明灯外观为圆柱形结构，外壳为氧化铝，端口采用亚克力板。水下照明灯采用LED作为发光模块，其具有亮度高、耗能少的优点。其性能参数如表6-5所示，实物如图6-9所示。

表6-4　水下摄像头参数

大小/mm	重量/kg	分辨率	工作水深/m	水平视角/(°)	电压/V(DC)
127×41	0.28	1933×1080	1200	70	12-24

表6-5　水下照明灯参数

大小/mm	重量/kg	工作水深/m	光束角度/(°)	电压/V(DC)	功率/W
102×41	0.22	2000	100	24	20

图6-8　水下摄像头实物图

图6-9　水下照明灯实物图

6.4.3　电池包选型

AUV导航关键部件都需要电池包来提供能源。电池包是由多个单体锂离子电池组装而成的，组装后的技术参数为：电压25.9～26.6V，电池容量≥1409W·h，总重约6.5kg。电池包在使用之前需进行测试，看是否能够进行正常的充、放电，电压、电流是否正常；以及测试电池包检测软件能否监测到电池包信息，数据是否正确、完整。充、放电实际操作如图6-10和图6-11所示。

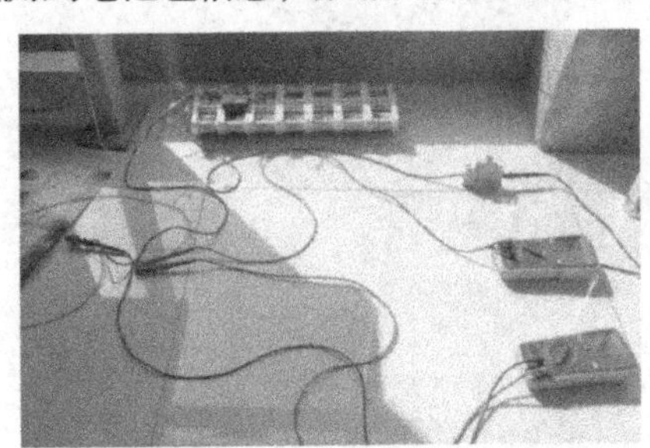

图6-10　充电实物连接图

图6-11　放电实物连接图

试验过程中，电池包工作稳定无异常现象，各项指标满足标定参数，可对导航传感器等进行稳定供电。

6.4.4　多普勒计程仪

多普勒计程仪（DVL）用于AUV的精确导航和定位，主要用于测量机器人对地的三轴速度和距离水底的高度。本AUV选用LinkQuest公司的NavQuest 600 Micro DVL，其采用先进的声学多普勒技术，在快速准确的声速输出的情况下，具有高精度、长距离、低成本的特点，主要技术参数如表6-6所示，实物如图6-12所示。

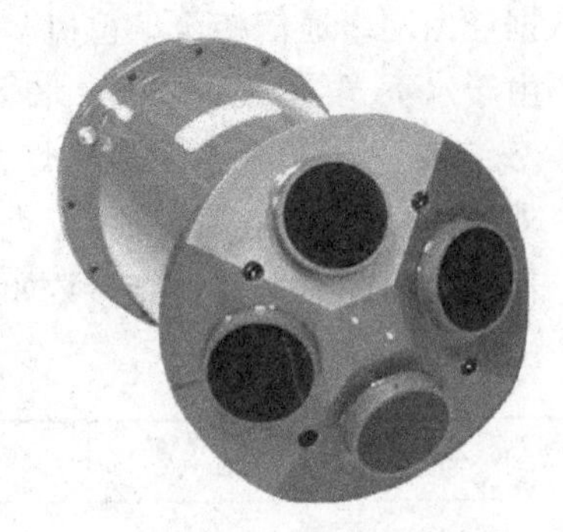

图6-12　多普勒计程仪

表6-6　多普勒计程仪技术参数

参　数	指　标	参　数	指　标
精度	0.2%±1mm/s	速度	±20节
高度	110m	电压	DC（24±2）V
通信方式	RS232/RS422	频率	600kHz

6.4.5 光纤惯导

光纤惯导即航姿传感器，是AUV进行自主导航定位必不可少的传感器，用于测量机器人的航向、姿态、角速度和线加速度。通过功能对比选用中科（苏州）探海公司定制的GIF6536A型光纤惯导，主要技术参数如表6-7所示，实物如图6-13所示。

表6-7 光纤惯导技术参数

参 数	指 标	参 数	指 标
位置精度	水平2m；高度2m	速度精度	0.02m/s
姿态精度	航向0.15°；姿态0.15°	工作电压	DC 18～36V
接口类型	RS232/RS422（输出）	波特率	9600～115200bit/s

6.4.6 前视扫描成像声呐

这里设计的水下机器人搭载一个前视扫描成像声呐（避碰声呐），用于探测海底地貌和在AUV进行自主导航定位时扫描水下物体进行避碰。本AUV选用Tritech公司的Micron DST型声呐，其主要技术参数如表6-8所示，实物如图6-14所示。

表6-8 声呐技术参数

参 数	指 标	参 数	指 标
供电	4W，DC12～48V	工作频率	700kHz
通信方式	RS232/RS485	探测距离	0.3～75m
波束角	垂直方向35°，水平方向3°	扫描范围	360°

图6-13 光纤惯导

图6-14 声呐

思考题

1. 欠驱动型AUV和全驱动型AUV有什么区别？试分析两者的利弊。
2. 岸基单元与AUV可以采用哪些通信方式？
3. 组合导航由哪些传感器组成？
4. AUV的控制系统主要分成哪些模块？
5. 请你担任设计师，尝试进行AUV的总体设计。

第 7 章 “探海 I 型”自主水下机器人（AUV）控制系统设计

7.1 控制系统硬件设计

控制系统作为全系统的控制核心，主要完成各种传感器数据的采集、处理、存储、传输和显示，并接收各种控制指令，控制水下机器人完成相应操作。

控制系统硬件主要由水面控制系统和水下机器人控制设备两部分组成，水面控制系统主要包括工控计算机、光端机（水上）和无线数传设备；水下机器人控制设备主要包括光端机、网络交换机、自动驾驶仪、摄像机 PC104、图像采集卡、电动机驱动器、照明灯控制板和电池节点控制器等板卡，以及多普勒计程仪、光纤惯导、深度传感器、漏水传感器和入水传感器等。

7.1.1 水面控制系统硬件设计

AUV 水面控制系统的主要功能为实现自主导航定位时数据上传下达的稳定通信和建立友好的人机交互系统。水面控制系统硬件部分包括水面控制箱（光端机、无线数传设备）、监控计算机以及水密光纤套组。

1. 水密光纤套组

水密光纤套组是实现实时操控 AUV 的硬件设备，其主要由水密光纤、光滑环和光纤绞车组成，水密光纤套组实物如图 7-1 所示。

1）水密光纤：光纤遥控作业模式是 AUV 与陆上控制设备进行信息传递的纽带，具有传输光信号、水密和承载一定拉力的功能。

2）光滑环：与水密光纤配合使用，用于保证光纤绞车旋转时系统的光路传输顺畅。

3）光纤绞车：主要功能为缠绕并存储水密光纤，为光滑环提供安装平台，保证绞车转动过程中光路通信顺畅。

由于水密光纤和光滑环都属于易损件，因此在使用时需要对它们进行有效保护，防止损伤。另外，为防止光纤卷入推进器中，在光纤近 AUV 端绑有小浮体，在水下作业时，浮体将光纤拉直远离推进器，避免光纤在 AUV 附近呈絮状缠绕。为了配合水下遥控作业，释放、

图7-1 水密光纤套组实物图

回收光纤时，应缓慢、均匀转动摇把，使光纤始终处于松弛状态，不能采用拉拽光纤的方式收放光纤，也不能急速转动摇把。

2. 水面控制箱设计

水面控制箱用于岸上调试和遥控模式时对AUV的操控，主要由开关电源模块、光端机模块、无线数传模块、数据转接模块和控制面板、摇杆等组成。设计的水面控制箱在工作时必须要与一台装有水面监控软件的计算机相连，才能实现数据互通。下面简要介绍控制箱内的各模块：

（1）开关电源模块

220V交流电通过开关电源模块转化为24V直流电，主要用于脐带缆连接时对AUV进行供电，同时，该开关电源模块上还外接一个稳压芯片，为光端机模块和数据转接模块提供稳定的5V电压。开关电源模块选用明纬（广州）电子有限公司的SE-350-24型开关电源，主要技术参数如表7-1所示，开关电源模块如图7-2所示。

表7-1 开关电源技术参数

参　数	指　标	参　数	指　标
直流电压	24V	额定功率	350.4W
额定电流	14.6A	电压精度	±1.0%

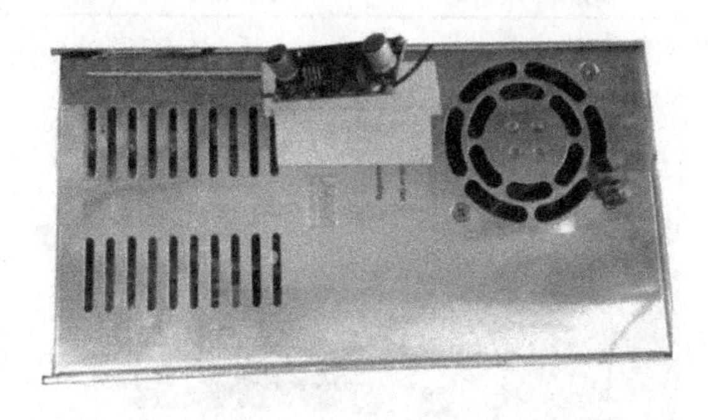

图7-2 开关电源模块

（2）光端机模块

光端机模块通常为一对，主要作用是实现光电信号的相互转换，用于 AUV 在光纤遥控模式时，与光纤配合使用，选用武汉波士电子有限公司的 OPET1G1 型光端机，其主要技术参数如表 7-2 所示，光端机模块如图 7-3 所示。

表 7-2　光端机技术参数

参　数	指　标	参　数	指　标
传输介质	单模光纤	通信方式	1000Mbit/s 全双工
光波长	1210nm	电气接口	4 路以太网，1 路 RS485
传输距离	25km		DC 5V

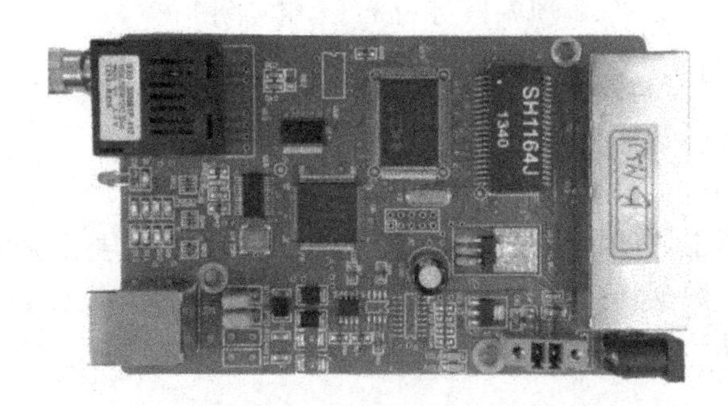

图 7-3　光端机模块

（3）无线数传模块

无线数传模块包括无线数传电台和无线网络 WiFi，主要用于无线通信时的数据传输。水面控制箱内的无线数传电台选用 XTend 型数传电台，主要技术参数如表 7-3 所示，无线数传电台如图 7-4 所示。

表 7-3　无线数传电台技术参数

参　数	指　标	参　数	指　标
发射功率	1mW～1W （0～30dBm）	室外传输距离（高增益的偶极子天线）	64km
传输速率	115200bit/s	通信模式	RS485

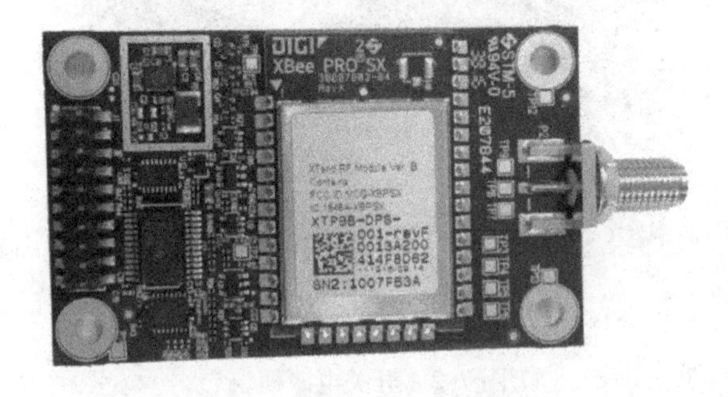

图 7-4　无线数传电台

（4）数据转接模块

数据转接模块为一块自制板，主要实现 USB 信号的转换：采集左、右操控摇杆的信号，将此 RS232 信号转换为 USB 信号传输到监控计算机；无线遥控模式时，监控计算机将控制指令通过无线数传电台传送给下位机，将 USB 信号转为 TTL 信号再转为 RS485 信号；光纤遥控模式时，监控计算机将控制指令通过网线传输给控制箱，再通过光纤传送给下位机，将网络信号通过光端机转为光信号再转为网络信号；WiFi 遥控模式时，将 USB 信号转换为网络信号传送给下位机。数据转接模块如图 7-5 所示。

图 7-5 数据转接模块

（5）控制面板

以 AUV 控制功能需求为基准，设计一个水面控制台面板，包括以下几部分：

1）接口模块：包含 220V 交流输入接口、脐带缆接口（机器人外供电和有线网络连接接口，用于对机器人进行设备检查等操作）、光纤接口、无线电天线接口（水面控制箱内无线电模块扩展增益天线的接口）、WiFi 接口、1 个网线插口、4 个 USB 接口（左右摇杆控制输入接口、无线电控制输出和上传信息接口、声呐信号传输接口）。

2）运动控制模块：在无线电遥控和网络遥控方式下进行操作，左摇杆用于控制 AUV 前进后退、左右转和定向切换；右摇杆用于控制 AUV 下潜上浮、左右横移、控制水下照明灯亮度和定深切换。

3）开关及指示灯：220V 电源输入开关、24V 直流输出开关、5V 电压指示灯。

水面控制箱的 USB 接口可通过计算机直接供电，不需要外接电源，为户外无线电操作提供了很大的便利，水面控制箱布局与实物图如图 7-6 所示。

图 7-6 水面控制箱实物图

7.1.2 水下控制系统硬件设计

本自主水下机器人采用 PC104 工控板卡作为水下控制系统的核心控制单元，此板卡为自动驾驶仪的核心组成部分。考虑到摄像头数据量较大，为减轻主控 PC104 板卡的负担，配备有单独的摄像头 PC104 板卡进行水下摄像头数据的处理。

水下机器人的核心为电子舱段。电子舱段内部设备为多普勒计程仪与仪器舱。仪器舱安装在电子舱段密封壳体内部，主要包括电池包、光纤惯导、自动驾驶仪、光端机、电池节点控制器、摄像机 PC104、无线数传模块与其他控制板卡等。电子舱段实物图如图 7-7 所示，整个控制系统硬件连线图如图 7-8 所示。

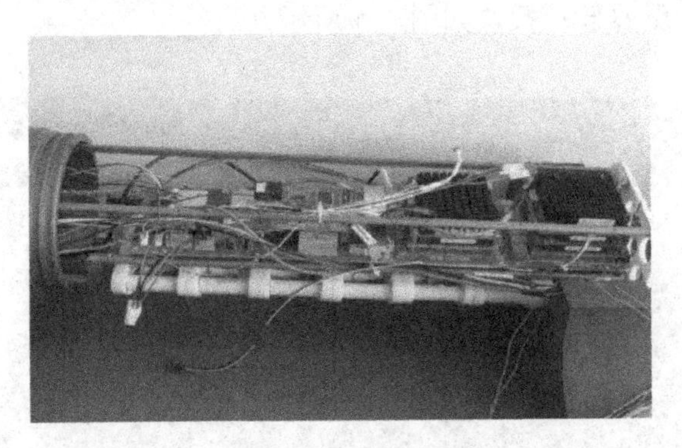

图 7-7　电子舱段实物图

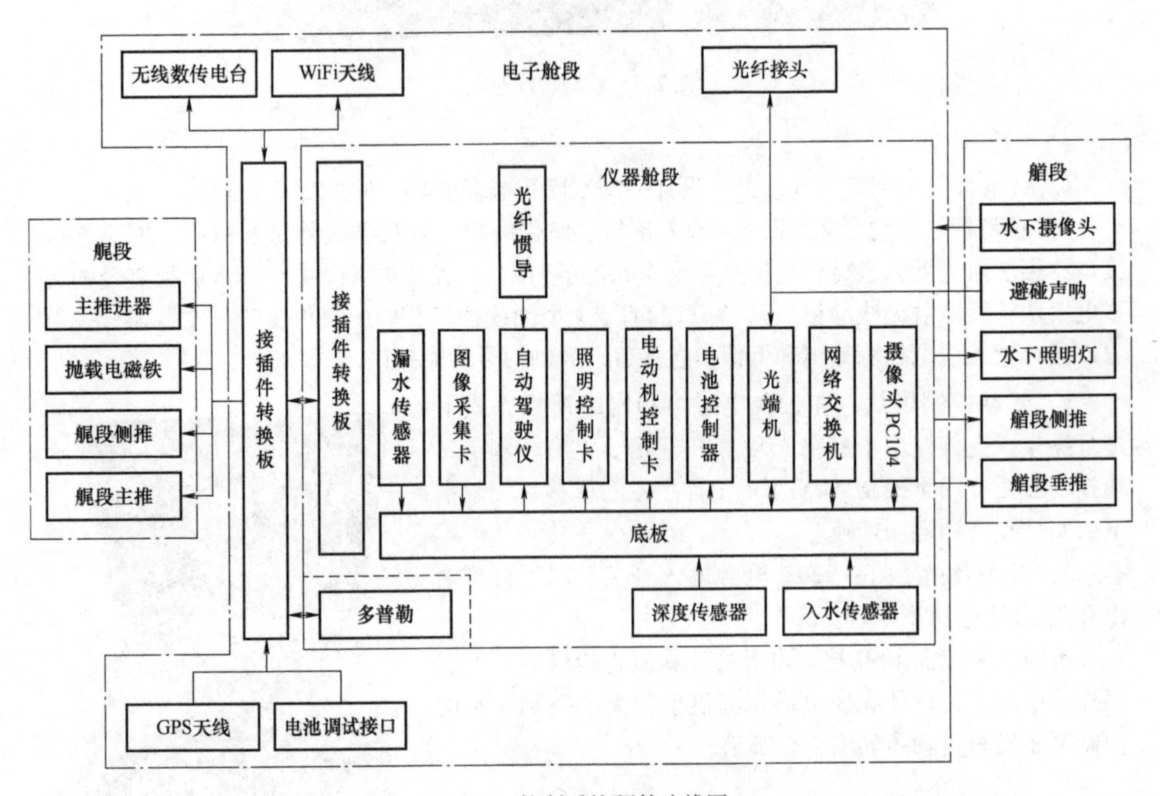

图 7-8　控制系统硬件连线图

AUV 整个水下控制系统包括 14 块板卡：控制底板、自动驾驶仪板卡 3 块（PC104 工控板、AD 采集板和电源板）、摄像机 PC104 板卡 2 块（PC104 工控板、图像采集卡）、光端机板卡、电动机控制器板卡（总共控制五路电动机，合计 5 块）、GPS 模块板卡与无线数传板卡。板卡之间通过底板布线实现连接，仪器舱以外的器件与控制系统的连接通过布置在底板上的接插件实现。

1. 控制底板设计

控制底板作为本 AUV 水下控制系统的主要组成板卡，其通过框架固定于仪器舱段内部，AUV 水下控制系统其他板卡则固定于控制底板上。AUV 控制底板主要包括以下几部分电路。

（1）电源控制电路

以摄像头电源控制电路为例进行解析，前视声呐、光纤惯导、无线数传电台、GPS、抛载电磁铁、多普勒等设备的电源控制电路与摄像头电源控制电路基本相同，只是多普勒采用的继电器吸合电流较大。采用继电器控制水下摄像头的导通状态，继电器吸合，摄像头电源接入。当控制端口输出为低电平时，晶体管处于截止状态，继电器断开，摄像头电源断开。通过电阻分压的方式实现对摄像头供电电压的监测，电路中加入肖特基二极管进行保护，防止 AD2 采集口电压过大对 PC104 采集板造成损伤。

（2）电源模块电路

本水下机器人采用 24V 直流输出电池包为水下机器人所有用电设备进行供电，电池包可通过脐带缆进行充放电。水下机器人各用电设备共分为 3 种电源等级：DC24V、DC5V 与 DC3. 3V，其中 DC5V 由自动驾驶仪上的电源板产生。整个系统供电结构图如图 7-9 所示。

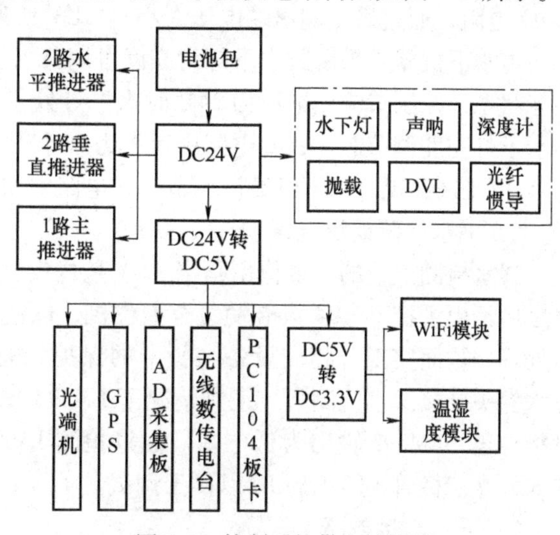

图 7-9　控制系统供电结构图

1）电动机电源模块设计：电动机电源模块的主要作用有两点，其一是对五路电动机进行供电，其二是进行隔离，防止电动机电磁干扰影响其他设备工作。这里采用 VICOR 公司的 DCM 系列 DC/DC 电源模块进行隔离稳压，对电动机进行供电。该电源模块输入电压为 DC18 ~36V，输出电压为 DC24V。最大输出功率 320W，持续输出电流 13. 2A，满足五路电动机的供电需求。

电源模块输入电路包括两部分：第一部分为热敏电阻、压敏电阻、熔丝、二极管，主要作用是保障电路的安全工作，第二部分为 LC 滤波电路，主要进行滤波，使输入电压稳定。电池包输出 24V 直流电，接入电源模块输入端，经过滤波之后直接输出给除电动机之外的其他 24V 用电设备供电，经过电源模块隔离稳压后输出电压给电动机进行供电。

2）5V 转 3. 3V 稳压模块：5V 转 3. 3V 稳压模块主要对 WiFi 模块芯片与温湿度模块芯片进行供电。采用 AMS1117-3. 3V 稳压芯片，此芯片为低压差的三端稳压器。加入二极管 VL7 和 VL12 作为稳压芯片正常工作状态指示灯。

3）WiFi 模块电路

WiFi 模块电路由 WiFi 模块芯片与外围电路组成。WiFi 模块芯片引脚定义如表 7-4 所示。

表 7-4　WiFi 模块芯片引脚定义

引　脚	网络名称	描　述
1	GND	地
2	3.3V	电源
3、4	UART_TX、UART_RX	串口发送/接收数据
5、6	UART_RTS、UART_CTS	串口请求/允许发送数据
7	RESET	模块复位
8	nLink	WiFi 状态指示
9	nReady	模块启动状态指示
10	nReload	恢复出厂设置
11 ~ 14	PHY_RX +、PHY_RX -、PHY_TX +、PHY_TX -	以太网输入/输出口

WiFi 模块外围电路的作用是与 WiFi 模块芯片相配合。其包括以下几部分：

① 芯片的复位电路。

② 恢复出厂设置电路。

③ 芯片工作状态指示灯电路（VL5 实现模块启动状态指示，VL6 实现 WiFi 状态指示）。

④ 以太网输入/输出电路。

4）深度计采集电路与水下灯控制电路

本水下机器人采用的深度计为电流输出型，电流输出范围为 4 ~ 20mA。在电路中加入 250Ω 电阻，通过采集输出端电压大小对 AUV 所处深度进行判断。

本水下机器人采用的水下灯为亮度可调节水下灯，控制口输入电压为 0V 时水下灯处于最亮状态，控制口输入电压为 24V 时水下灯处于完全熄灭状态。采用 LM358 运算放大器作为水下灯亮度调节芯片，此电路中运放为 10 倍放大作用，主控 PC104 采集板卡通过输出0 ~ 2.4V 电压来实现对水下灯亮度调节。在电路中加入二极管 VD2、VD3 进行稳压。

5）漏水检测模块电路

漏水检测模块的主要作用是当 AUV 舱内发生漏水时将漏水信号通过 PC104 采集板卡采集之后经由主控 PC104 板卡发送至上位机，以便于操作人员及时发现并采取相应的措施进行处理，从而实现对相应设备与板卡的保护。采用电压比较器 LM393 作为漏水检测芯片，漏水探头外接漏水检测板。正常情况下 LM393 输出为高电平，当舱内发生漏水时，漏水检测板导通，LM393 输出为低电平。通过检测 LM393 输出电平高低判断舱内是否产生漏水。加入发光二极管 VL9、VL10 以便于调试。

6）通信转接电路

通信转接电路主要实现惯导、DVL、无线数传电台、电池包、GPS、前视声呐等传感设备的通信转接。其中前视声呐经过通信转接后直接连接至水面控制单元，其他几路设备经过转接后则连接至自动驾驶仪的主控 PC104 板卡上。采用 MAX232ESE 芯片将无线数传电台与电池包输出的两路 TTL 信号转换成 RS232 信号后再连接至 PC104 板卡串口端。

7）AD 采集板卡

AD 采集板卡固定于控制底板上，其主要功能如下：

① 实现对前视声呐、摄像头、光纤惯导、无线数传电台、GPS、抛载电磁铁、多普勒供电开关的控制。

② 实现五路电动机使能、转向与转速控制。

③ 实现对前视声呐、摄像头、光纤惯导、无线数传电台、GPS、抛载电磁铁、多普勒供电电压的实时采集，确保相应用电设备的正常供电。

④ 实现对深度数据、漏水数据的采集和照明灯亮度的调节。

2. 自动驾驶仪板卡

自动驾驶仪板卡以主控PC104板卡为核心控制板，同时配有定制的电源板（24V转5V实现工控板与其他5V用电设备的供电）和AD采集板卡，总计3块。

主控PC104板卡选用英特尔SCM9022型核心板，SCM9022型核心板为基于Intel AtomT-MN455/D525处理器的超小型嵌入式核心模块。其主要技术参数如下：

1）Intel AtomTMN455（1.66GHz，单核）或D525（1.8GHz，双核）。

2）板载1GB/2GB DDR3 667/800MHz SDRAM。

3）提供VGA接口、单通道LVDS接口、两路以太网接口、4个USB2.0接口、6路串口（COM1 RS232方式，COM2 RS232/RS422/RS485 3种方式可以选择，COM3～COM6 RS232/TTL两种方式可以选择）、8路GPIO口、板载2GB/4GB/8GB SSD。

4）提供PC/104总线扩展。

5）支持Linux、Windows等多种操作系统。

6）尺寸：90mm×98mm。

7）供电：DC5V。

自动驾驶仪板卡整体实物图如图7-10所示。

图7-10 自动驾驶仪板卡实物图

3. 电动机控制模块

本AUV电动机采用Maxon motor公司的maxon无刷直流电动机，电动机控制板采用配套的ESCON控制器，该控制器主要功能如下：

1）对三相直流电动机和电动机内部霍尔传感器进行供电。

2）通过电动机内部霍尔传感器对电动机的运行状态进行检测。

3）对电动机的使能、运行方向、转速进行控制。

本电动机采用PWM控制方式，电动机转速与控制电压呈线性关系，其中侧推/垂推最大输出控制电压为6.8V，主推最大输出控制电压为5V。

控制器主要引脚说明如表7-5所示。

表7-5 电动机控制器引脚说明

引脚号（侧推）	功能	引脚号（主推）	功能
1、2、3	电动机绕组1、2、3	1、3、5	电动机绕组1、2、3
4	+VCC（电动机额定工作电压）	7/8	+VCC（电动机额定工作电压）
5	GND	9/10	GND
6	DC5V（霍尔传感器供电电压）	11	DC5V（霍尔传感器供电电压）
7、8、9	霍尔传感器输入端	13、15、17	霍尔传感器输入端
15	电动机换向端	20	电动机换向端
16	电动机使能端	21	电动机使能端
24	电动机转速控制端	29	电动机转速控制端

7.2 控制系统软件设计

7.2.1 水面控制系统软件总体设计

水面控制系统软件即为人机交互软件设计，人机交互软件的开发以 Windows 为运行系统，基于 MOOS（Mission Orientated Operating Suite）平台在 eclipse 开发环境下采用 C++ 语言编写，同时，基于 FLTK（Fast Light Tool Kit）图形用户界面库进行人机交互界面设计。

MOOS 意为面向任务的操作套件，其由麻省理工大学（MIT）Paul Newman 设计开发，是一个采用分布式、模块化控制结构的开源软件框架系统，用于支持海洋工程中的自主海上运输工具，因此在 AUV 上完全适用，人机交互软件即为 MOOS 平台的一个应用模块（App）；eclipse 是一个开源的集成开发环境（Integrated Development Environment，IDE），其具有众多的插件支持，能够提供给用户相对灵活的 IDE；FLTK 是一种使用 C++ 开发的 GUI（Graphical User Interface）库，支持 OpenGL 图形库，具有体积小、速度快和可移植等优点。

水面监控软件的设计思想包括界面设计和各模块功能实现两大部分，这样做方便随时对界面进行优化，以及增加或删除某个功能模块，使得设计的软件能够通过简便的操作完成设备检查与在线监测、遥控操作 AUV、航行使命编辑、AUV 状态显示等功能。图 7-11 所示为水面监控软件的总体结构。

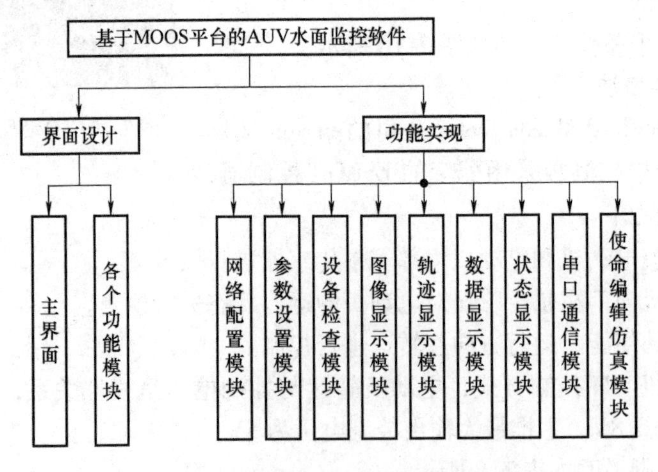

图 7-11　水面监控软件的总体结构

1. MOOS 通信机制

要使设计的水面监控软件具有较高的稳定性和可靠性，就需要通信系统具有较高的稳定性和可靠性。在 MOOS 系统中，不同功能、相互独立的软件应用程序经由统一的通信协议，在 MOOSDB（MOOS Database）上完成信息两两交互，最大可能地保证了通信的稳定可靠。MOOS 系统的信息交互中心即 MOOSDB，是 AUV 软件信息传递和数据管理的核心，能够实现各个应用模块与其的点对点通信，基于 TCP/IP 通信，按照客户端-服务器的方式来设计 MOOSDB 与应用模块间的通信机制，通信结构为星形拓扑结构，应用程序与 MOOSDB 的通信结构如图 7-12 所示。

每个功能模块在MOOS系统中都是一个CMOOSClient客户端程序，CMOOSClient是一个C++语言封装类，用于子系统类实例化对象，同时MOOS提供用于通信的API和基类，并将数据封装以消息的形式进行传输，各个应用模块通过调用接口函数来建立与MOOSDB的通信。人机交互软件作为一个MOOS客户端进程，与MOOSDB之间的通信包括以下过程：

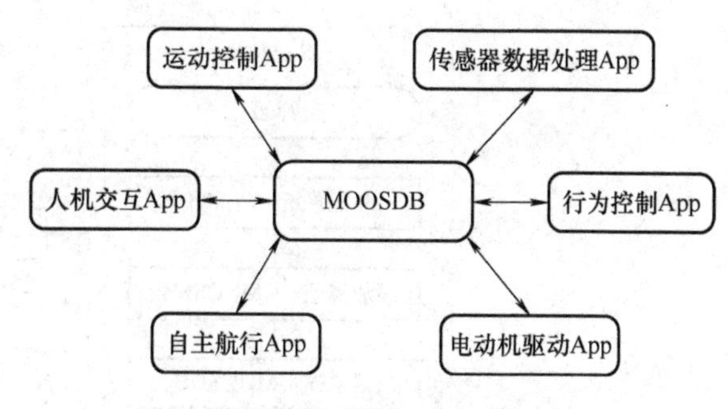

图7-12 MOOS通信结构

1）调用Notify( )函数，将要发送的数据、数据名和通信时间封装为CMOOSMsg，添加到输出缓冲区中，同时向MOOSDB发送连接请求。

2）当MOOSDB空闲时，接受人机交互App的请求并建立连接，同时打包所有CMOOSMsg为CMOOSPkt数据包发送给MOOSDB。

3）MOOSDB读取并解析数据包，同时将数据保存到其他应用程序的邮箱中，供其他进程调用Register( )函数订阅消息时读取数据。

4）将其他进程的邮箱信息压缩为CMOOSPkt，通过MOOSDB返回给人机交互App，本次通信即结束。

5）人机交互App收到回复消息并解压缩，同时将消息内容放入输入缓冲区，通过调用Fetch( )函数随时查阅。

人机交互App与MOOSDB的通信流程如图7-13所示。

2. 人机交互界面设计

人机交互界面的设计能够让用户用简单的操作实现对AUV的控制，同时方便用户在岸基计算机上对AUV状态有更加准确的监控。打开人机交互软件HMI（Human Machine Interface），首先进入机器人作业模式选择窗口，如图7-14所示，根据不同作业模式下的AUV通信和操控方式进行界面设计，共分为3种界面，如图7-15所示，其中：

图7-15a所示为光纤遥控作业模式、脐带缆作业模式和WiFi作业模式这3种网络遥控作业的界面，包括菜单栏、声呐图像显示（光纤模式）窗口、视频图像显示窗口、航行轨迹显示窗口、数据信息显示窗口和水面控制箱串口连接窗口。

图7-15b所示为无线遥控作业模式界面，包括菜单栏、数据信息显示窗口、水面控制箱串口连接窗口和航行轨迹显示窗口。

图7-15c、d所示为自主航行作业模式界面，包括菜单栏、使命文件导入窗口、数据信息显示窗口、使命编辑窗口（见图7-15c）和航行轨迹显示窗口（见图7-15d）。

3. 水面监控软件功能实现

人机交互软件依照项目技术要求，可以实现以下功能模块：

1）网络配置模块：连接机器人，通过网络下达操作指令，获取机器人当前作业模式、系统运行模式（设备检查和实际任务模式）、各个设备（声呐、摄像头、GPS、多普勒、光纤惯导、无线电、抛载、电动机、入水漏水）开关状态信息和数据等。

2）参数设置模块：配置AUV航行前初始经纬度、设备及故障处理参数。

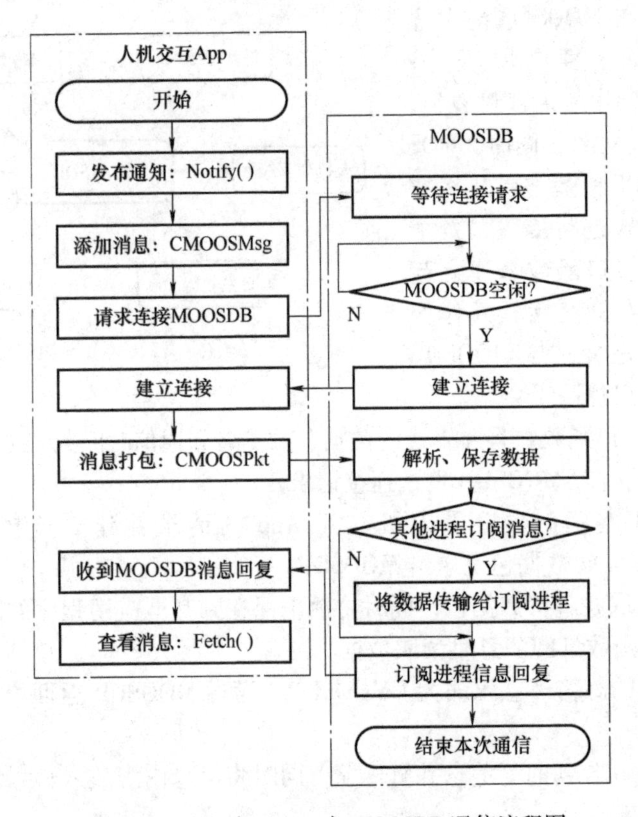

图 7-13　人机交互 App 与 MOOSDB 通信流程图

3）设备检查模块：对 AUV 携带的各个设备进行状态检查，保障每个设备都能正常运行后才能对机器人进行控制操作。

4）图像显示模块：包括摄像头图像显示和声呐图像显示。声呐图像仅在光纤遥控模式下 AUV 在水下时才能实时在界面观察到；摄像头可在 WiFi 模式下实时传输图像，但由于无线传输速率有限，观察到的图像存在掉帧现象，效果不佳，因此一般切换为光纤遥控模式来提高显示效果。

5）轨迹显示模块：在利用 OpenGL 嵌入的谷歌地图上，根据经纬度信息显示出 AUV 在水面时的所在位置和运动轨迹，以及显示在自主航行模式下的使命规划路径。

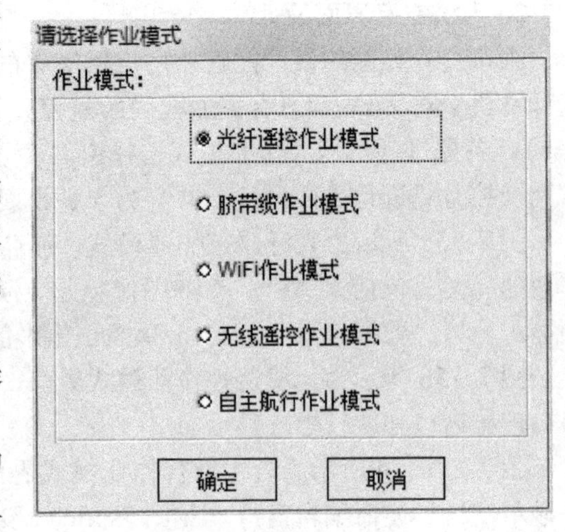

图 7-14　作业模式选择窗口

6）数据显示模块：实时显示机器人姿态、漏水入水状态、使命信息以及各个传感器设备的数据。

7）状态显示模块：实时显示各个设备的开关和数据状态，其中声呐、摄像头、抛载指示灯展示开关状态，多普勒、惯导、GPS、电池包指示灯展示数据状态（在有数据的情况下

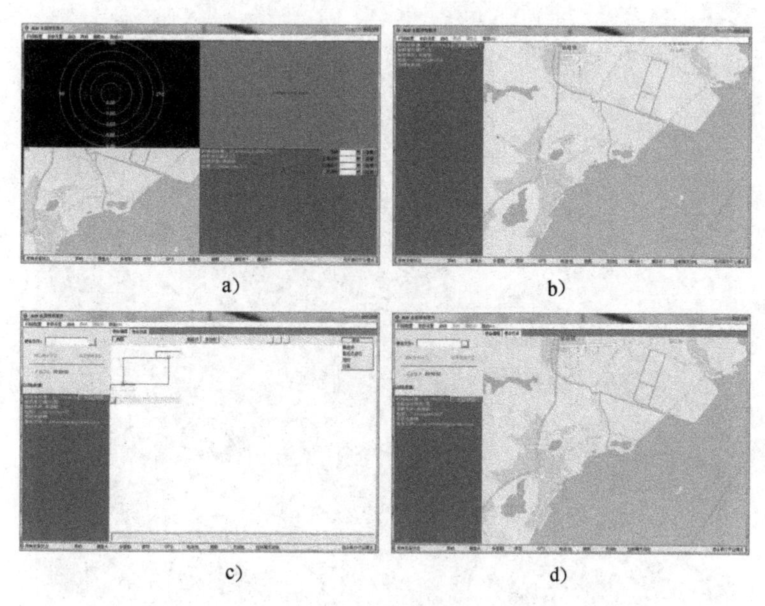

图7-15 不同工作模式界面

指示灯才会亮），操纵杆1、操纵杆2、控制箱无线电指示灯展示人机交互系统与水面控制箱的连接状态。

8）串口通信模块：实现水面控制箱的声呐、操纵杆以及无线电设备与计算机的连接，用于接收和发射无线电信号，实现水面监控系统在网络遥控和无线遥控模式下与AUV的通信。

9）使命编辑仿真模块：在自主航行模式下，根据航行任务在使命编辑窗口编辑使命并保存；然后在使命作业窗口下载使命文件到机器人，控制机器人启动/结束使命作业、开始任务，同时，将使命规划的航迹点或者多边形在嵌入的地图中显示出来，并且可以仿真出AUV的运动轨迹。

设备检查模块窗口需要从菜单栏的启动栏打开，如图7-16所示，设备开关栏用于打开/关闭对应设备（声呐和多普勒需要AUV在水下才能打开）；照明灯控制滑条从左至右为亮度从低到高；电动机转速控制栏输入相应转速控制5个推进器转动；设备实际状态栏显示每个设备的实际开关情况；数据显示窗口显示从设备实际状态显示窗口中选择对应设备的详细数据，如果没有数据，则代表该设备出现故障。

该模块的程序流程图如图7-17所示。

在网络连接正常时初始化窗口，调用Fetch( )函数来读取控制舱的输入/输出指令，同步解码后更新窗口显示，然后看有没有消息要发送，有则对消息进行解析，并判断是否为设备开关命令，是则调用Notify( )函数发送输入/输出指令，不是则调用Notify( )函数发送设备信息数据，最后调用Fetch( )函数得到AUV各设备最新数据信息，从而更新窗口，完成设备检查。人机交互软件的其他模块程序与设备检查模块类似。

7.2.2 水下控制软件总体设计

水下控制软件基于模块化设计。主要模块包括MOOSDB、pHelmIvp、iRemote、设备驱

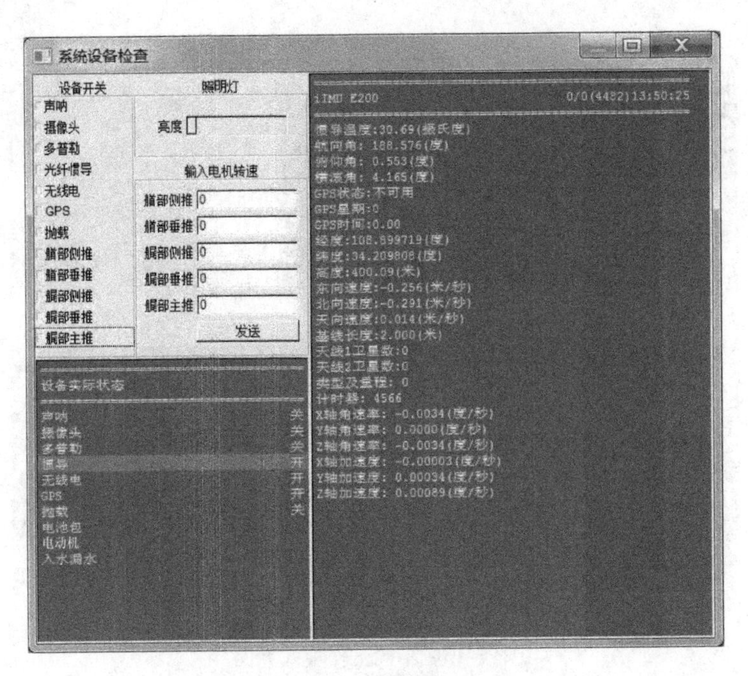

图 7-16　设备检查模块窗口

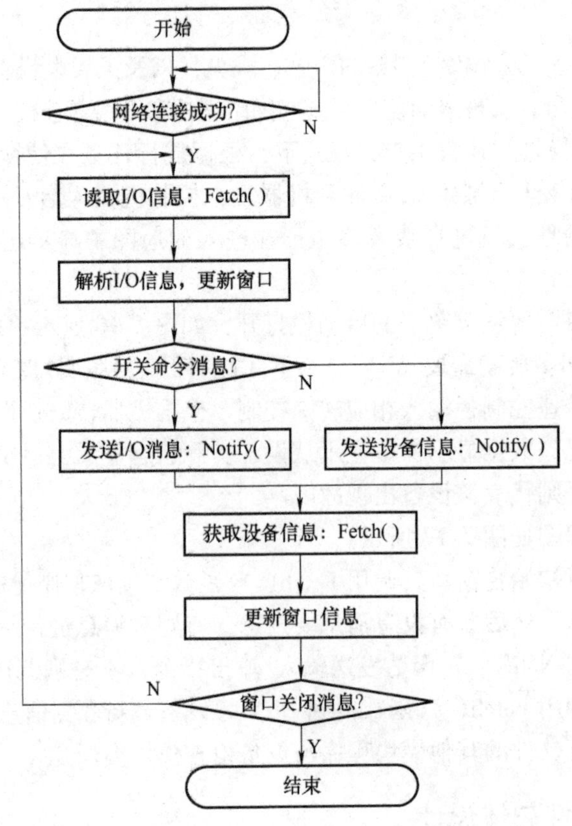

图 7-17　设备检查模块程序流程图

动。各模块的主要功能：

① MOOSDB：负责模块之间的通信，协调各模块运作。

② pHelmIvp：负责AUV的行为决策。

③ iRemote：实现水面监控系统软件远程操控AUV。

④ 设备驱动：与传感器（GPS、惯导、多普勒）、电动机、舵机数据交互。

下面详细介绍代表性模块。

1. MOOSDB 模块

MOOS平台具有3大特点：模块化设计、分布式设计、星形拓扑结构设计。

MOOSDB是本次设计应用程序（设备驱动、数据记录、导航控制、行为决策）进行数据交互的共享数据库，可以方便地实现不同控制平台进程/任务间的消息的分布与传递，这样一来，水面运行在Windows上的远程控制软件就能对水下AUV实施操控。如图7-18所示，MOOSDB处于星形拓扑结构的中心。

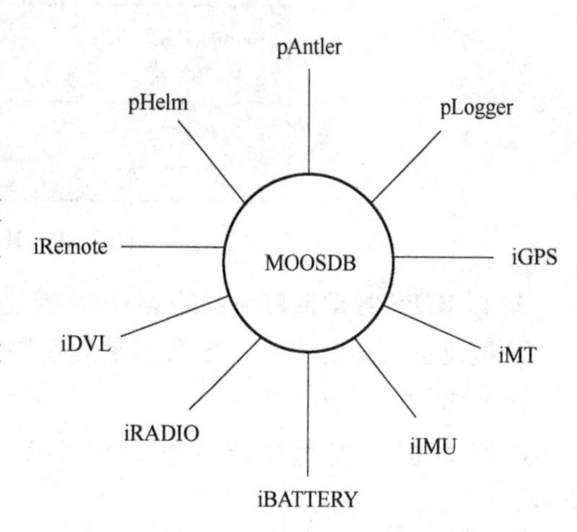

图7-18　MOOS星形拓扑结构

2. pHelmIvp 模块

Ivp Helm由一个叫pHelmIvp的MOOS模块执行。pHelmIvp和其他MOOS应用一样，通过发布/订阅接口连接到一个正在运行的MOOSDB，如图7-19所示。用行为文件、.bhv扩展名的文件或者配置其他MOOS应用程序的文件可以配置Helm，Helm进程主要发布一个稳定的数据流，包括期望航向、速度和深度，同时它也可以发布一些可以用来监控、调试或者触发在Helm或者在其他MOOS进程中的算法的信息。可以通过配置Helm在任何用户定义的决策空间生成决定。

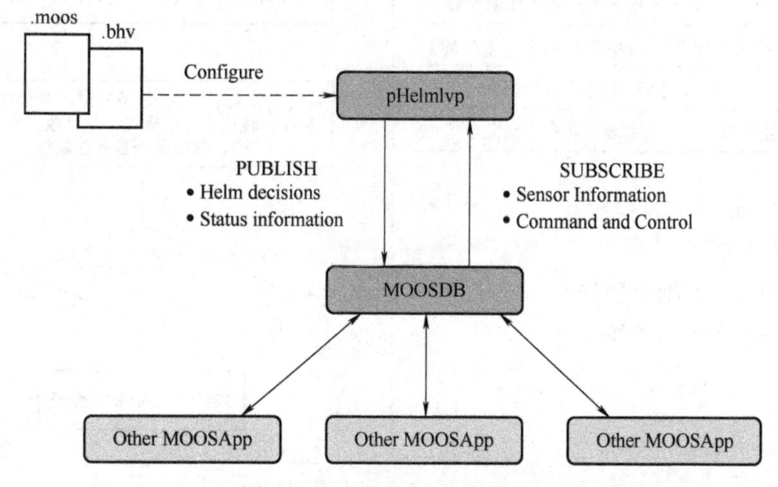

图7-19　MOOS应用pHelmIvp

Helm进程订阅传感器数据和一些其他需要的数据供决策所用，这些数据包括关于AUV设备当前姿态、轨迹等信息。它所订阅的信息由行为文件规定，可以在.bhv文件中配置。

Helm 有两个高级状态：Helm Status 和 All-Stop，这两个状态可以比作汽车的操作，运行 pHelmIvp 类似起动汽车，helm 进入 DRIVE 模式相当于汽车从“Park”状态到“Drive”状态，all-stop status 是指汽车是否停下来，图 7-20 对这个比喻进行了总结。

Ivp Helm	Automobile
Helm: Running/Not Running	Engine: On/Off
Helm Status: Drive/Park	Gear: Drive/Park
All-Stop: Clear/Not Clear	Pedals: Gas/Break

图 7-20　Helm 和汽车类比

3. 以 iGPS 数据采集为例的 MOOS 模块

其他设备采集模块与 GPS 数据采集模块基本相同，这里以 GPS 为例进行详细介绍。

（1）程序流程图

iGPS 数据采集程序流程图如图 7-21 所示。

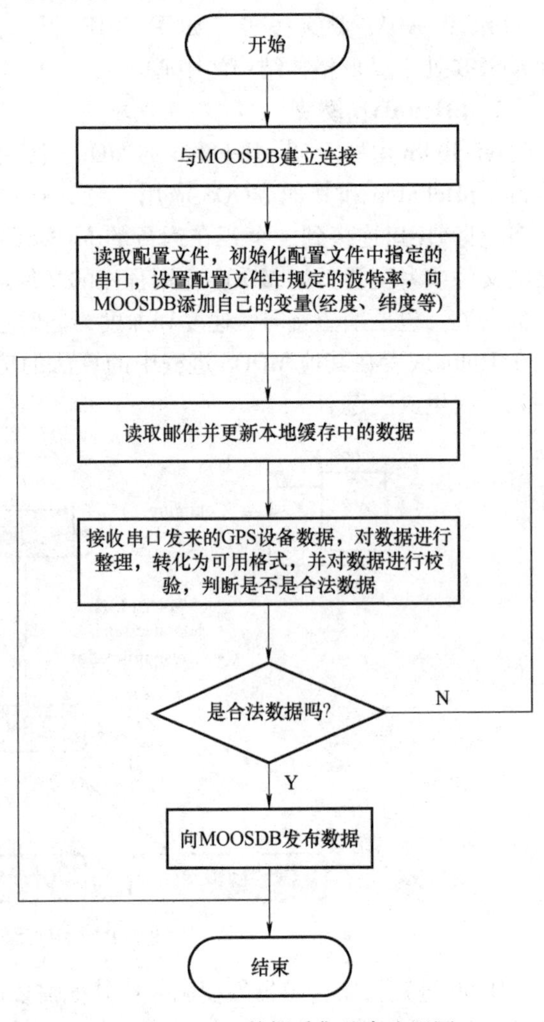

图 7-21　iGPS 数据采集程序流程图

（2）发布和订阅的信息

1）发布的信息。iGPS 发布的信息如表 7-6所示。

表 7-6　iGPS 发布的信息

GPS_latitude	纬度（度分）格式
GPS_longitude	经度（度分）格式
GPS_northsouth	纬度半球 N（北半球）或 S（南半球）
GPS_westeast	经度半球 W（西半球）或 E（东半球）
GPS_utc_time	UTC 时间，（时分秒）格式
GPS_va	定位转台，A = 有效定位，V = 无效定位

2）订阅的信息：无。

（3）配置模块

下面列出了 iGPS 配置模块：

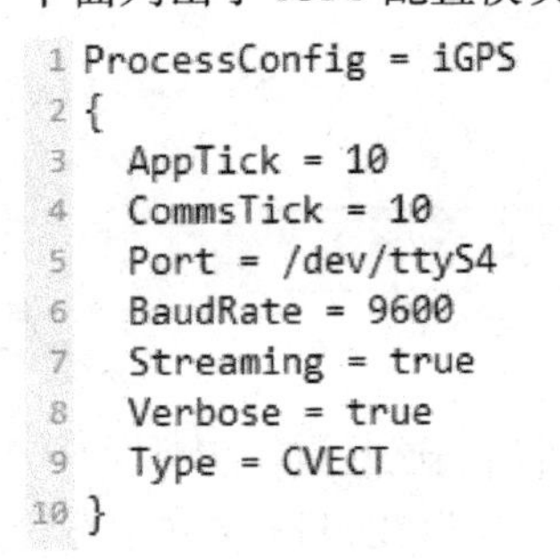

```
1 ProcessConfig = iGPS
2 {
3   AppTick = 10
4   CommsTick = 10
5   Port = /dev/ttyS4
6   BaudRate = 9600
7   Streaming = true
8   Verbose = true
9   Type = CVECT
10 }
```

思考题

1. AUV的硬件系统主要包括哪些模块?
2. 为何AUV硬件系统要采用模块化设计？这样设计有哪些优点?
3. 列举出上位机和下位机的基本功能。
4. 请简要介绍MOOS架构的原理。
5. 尝试用MOOS库设计出一个传感器采集模块的框架。

第8章 “探海I型”自主水下机器人（AUV）路径跟踪设计与实现

8.1 路径跟踪原理

8.1.1 构建 AUV 坐标系

为了描述 AUV 的运动，在导航之前需要建立合适的坐标系，通常情况下建立两个坐标系：定坐标系 $E-\xi\eta\zeta$ 和动坐标系 $O-xyz$，定坐标系的原点 E 为水平面上的一点，ξ 轴指向地理北向，η 轴指向地理东向，ζ 轴指向地心，动坐标系的原点 O 固定在 AUV 上，如图 8-1 所示。

通过动坐标系与定坐标系的对应关系得到表示姿态角的 3 个欧拉角：艏向角 ψ、纵倾角 θ、横倾角 φ。动坐标系 x 轴与水平面之间的夹角记为纵倾角，当 AUV 抬头时，即 x 轴的正半轴在过坐标原点的水平面上面时，纵倾角是正值，否则是负值；动坐标系 x 轴在水平面上的投影与定坐标系 ζ 轴（在水平面上，指向目标为正）之间的夹角记为艏向角，当 AUV 右转时，即由定坐标系 ζ 轴逆时针转至动坐标系 x 轴的投影线时，艏向角是正值，反之是负值；动坐标系 z 轴与通过动坐标系 x 轴的铅垂面之间的夹角记为横倾角，当 AUV 向右滚时，横倾角是正值，反之是负值。

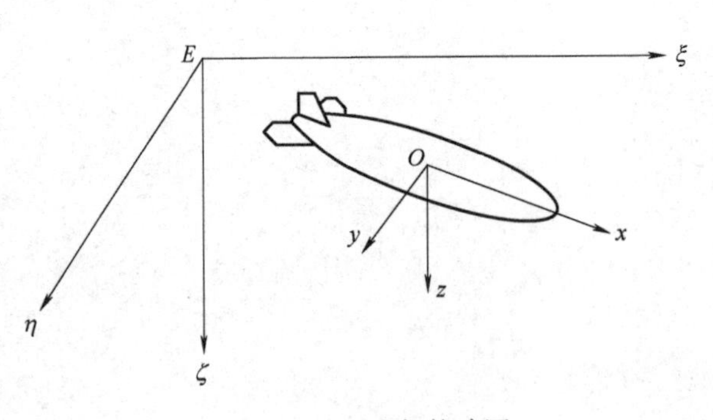

图 8-1　AUV 坐标构建图

建立 AUV 运动学方程首先要实现地球坐标系与运动体坐标系之间的转换。位置变化量可以通过 3 次坐标旋转得到，假设两个坐标系的原点是重合的，则定义 3 个姿态角：艏向角 ψ、纵倾角 θ 和横倾角 φ。

横倾角 φ：xOz 平面与 $xO\zeta$ 之间的夹角。

纵倾角 θ：Ox 轴与水平面 $\xi E\eta$ 之间的夹角。

艏向角 ψ：Ox 轴在水平面上 $\xi E\eta$ 的投影与 $E\xi$ 轴之间的夹角。

得到旋转变换矩阵 $\boldsymbol{S}$，即

$$\boldsymbol{S}=\begin{pmatrix}\cos\psi\cos\theta & \cos\psi\sin\theta\sin\varphi-\sin\psi\cos\varphi & \cos\psi\sin\theta\sin\varphi+\sin\psi\sin\theta \\ \sin\psi\cos\theta & \sin\psi\sin\theta\sin\varphi+\cos\psi\cos\varphi & \sin\psi\sin\theta\sin\varphi-\cos\psi\sin\varphi \\ -\sin\theta & \cos\theta\sin\varphi & \cos\theta\cos\varphi\end{pmatrix} \tag{8-1}$$

可以将动坐标系坐标转化到大地坐标系中，即

$$\begin{pmatrix}\xi \\ \eta \\ \zeta\end{pmatrix}=\boldsymbol{S}\begin{pmatrix}\boldsymbol{x} \\ \boldsymbol{y} \\ \boldsymbol{z}\end{pmatrix} \tag{8-2}$$

反变换可以表示为

$$\begin{pmatrix}x \\ y \\ z\end{pmatrix}=\boldsymbol{S}^{-1}\begin{pmatrix}\xi \\ \eta \\ \zeta\end{pmatrix} \tag{8-3}$$

8.1.2 基于航路点的路径跟踪

每一条使命路径由若干个航路点构成，这些航路点在 x-y 平面内定义。如图 8-2 所示，使命的基本目的是过一系列 X-Y 坐标系航迹点，capture_radius 指捕获半径，在捕获半径内意味着到达目标点，slip_radius 指机器人足够接近目标点的半径，在此半径内机器人可以通过减速等一系列决策以达到目标点。因此轨迹跟踪问题就可以转换为航路点跟踪问题，通过对每个航路点进行参数配置（通过每个航路点的深度、速度、航向等），完成设定使命。机器人在执行使命任务时，会根据使命任务结合由传感器获得的自身的位姿信息计算出期望速度、期望航向等数据，根据实际值与期望值的偏差计算出动坐标系各轴上期望的力矩与转矩，通过模型计算转换输出为各推进器的转速。图 8-3 所示为典型的六边形路径跟踪图，AUV 通过遍历同一组航迹点来完成特定的轨迹跟踪使命。

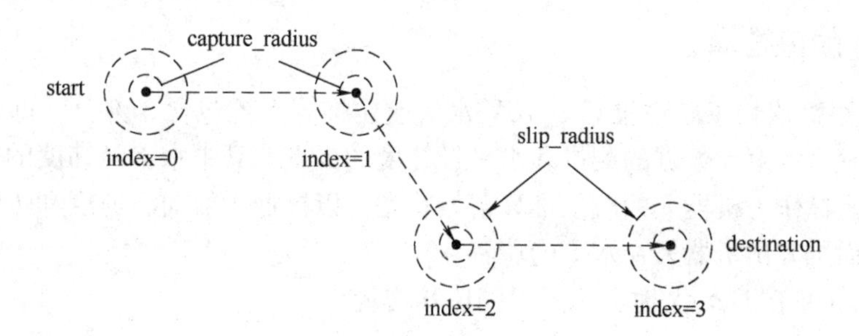

图 8-2 航路点跟踪原理图

8.1.3 PID 路径跟踪控制器

AUV 要想实现路径跟踪功能，需要对水下推进器有较为精确的控制能力，因此必须实现推进器的闭环控制。PID（比例、积分、微分）控制如图 8-4 所示，它是一种建立在经典控制理论基础上，对过去、现在和未来信息进行估计的控制算法。PID 控制策略结构简单、

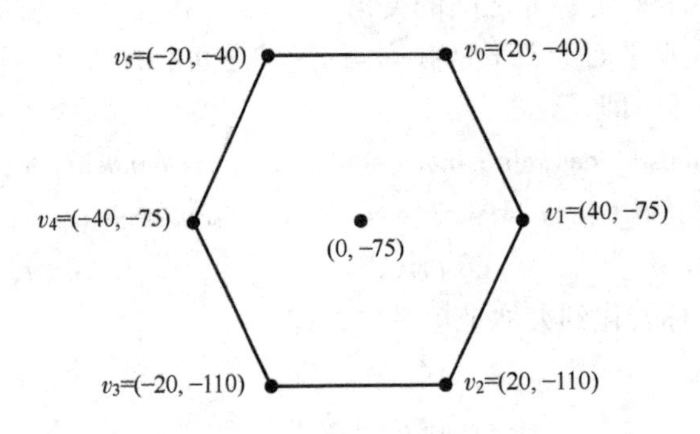

图 8-3　六边形路径跟踪图

稳定性好、可靠性高，并且易于实现；其缺点在于控制器的参数整定相当烦琐，需要很强的工程经验。相对于其他的控制方式，在成熟性和可操作性上都有着很大的优势。综合以上所述优点，本 AUV 采用 PID 作为路径跟踪控制器。

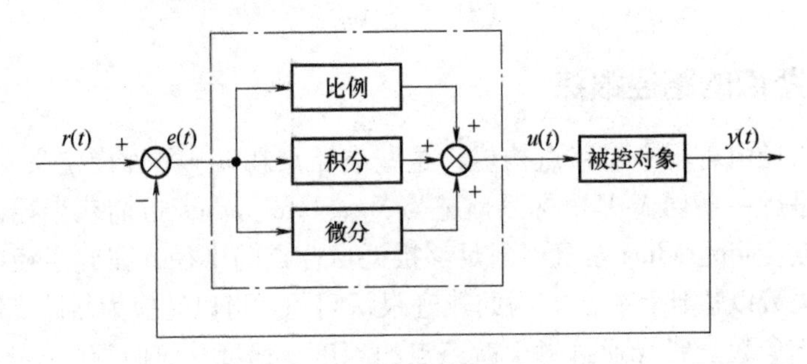

图 8-4　PID 控制框图

本 AUV 将控制量分为平移控制量（x 轴、y 轴、z 轴）和转矩控制量（y 轴、z 轴），其中在航路点跟踪模式下启用 x 轴速度控制、z 轴深度控制、y 轴转矩纵倾角控制和 z 轴转矩艏向角控制。

8.1.4　AUV 航位推算

AUV 路径跟踪依赖于航位推算。AUV 水下航位推算系统包含 3 部分，即光纤惯导的姿态角测量与处理、深度计数据的测量和水平经纬度的推算。其中水平经纬度的推算需要定义入水点经纬度坐标作为机器人的航位推算起始状态，以机器人航向、速度和传感器采样时间作为依据，从而推算出机器人在水下的位置。

首先计算 AUV 在 GPS 大地坐标系下的位移增量：

$$\begin{pmatrix}\Delta\lambda\\ \Delta\varphi\end{pmatrix}=\begin{pmatrix}V_\eta\\ V_\zeta\end{pmatrix}\Delta t=\begin{pmatrix}\sin\psi & -\cos\psi\\ \cos\psi & \sin\psi\end{pmatrix}\begin{pmatrix}V_x\\ V_y\end{pmatrix}\Delta t \tag{8-4}$$

式中　$\Delta\lambda$、$\Delta\varphi$——分别为计算得到的经度和纬度增量；

ψ——艏向角；V_η、V_ξ 为 AUV 在大地坐标系下 η 轴与 ξ 轴的速度分量；

V_x、V_y——分别为在运动坐标系下得到的 x 轴与 y 轴的速度分量。

这里采用地球参考椭球体作为地球的几何形状，AUV 的位移增量在纬线圈和子午圈中近似表示为一段圆弧，通过除以曲率半径可以得到经纬度增量。其中，纬线圈可以看作正

圆，并随纬度增加而变小，子午圈是一个扁平的椭圆，长半轴为 a，短半轴为 b。第一偏心率 e 为

$$e=\frac{\sqrt{a^2-b^2}}{a} \tag{8-5}$$

纬线圈曲率半径 r 只与纬度 φ 有关：

$$r=\frac{a\cos\varphi}{\sqrt{1-e^2\sin^2\varphi}} \tag{8-6}$$

子午圈的椭圆曲率半径记为 R_M：

$$R_M=\frac{a\ (1-e^2)}{(1-e^2\sin^2\varphi)^{3/2}} \tag{8-7}$$

结合式（8-4），在 $t_n(n>0)$ 时刻，AUV在水下的经纬度可表示为

$$\begin{cases}\lambda=\lambda_0+\sum\limits_{i=0}^{n}\dfrac{\Delta\lambda}{r_i}\\ \varphi=\varphi_0+\sum\limits_{i=0}^{n}\dfrac{\Delta\varphi}{R_{M,i}}\end{cases} \tag{8-8}$$

式中 λ、φ——分别为推算的经纬度；

λ_0、φ_0——分别为入水式经纬度。

8.2 路径跟踪湖面试验

为验证所研制的“探海Ⅰ型”AUV能否满足设计要求，进行了相关的湖试。试验地点选择为江苏省苏州市某天然湖泊，试验水域的水深范围为5～40m，湖底较平坦，湖水流速不大于2节，试验条件较好。选择的试验水域如图8-5所示。现场AUV试验如图8-6所示。

图8-5 试验水域图

图8-6 AUV试验图

8.2.1 水面路径跟踪试验

给定水面轨迹，依赖航位推算系统进行水面路径跟踪实验，设定AUV整个使命航速恒定为0.8节，使命时间1500s，初始位置GPS经纬度为（120.317741，31.109846），起始航迹点GPS经纬度为（120.319405，31.109317），回收航迹点GPS经纬度为（120.317655，

31.109634)，如图8-7所示，A为起始点，B为回收点，C为目标航路点。

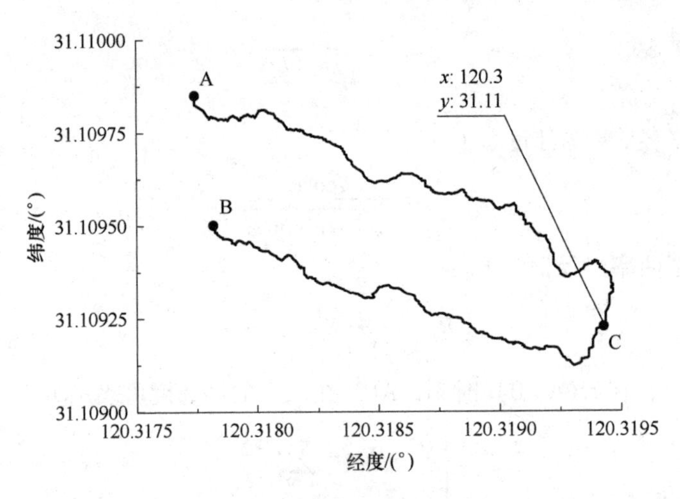

图8-7　水面航迹GPS曲线

由图8-7可知，AUV的GPS经纬度逐渐接近预设航迹点，具体实现方法是通过航位推算得到期望艏向角作为PID闭环控制的输入进行路径跟踪，AUV期望航向与实际航向如图8-8所示，部分试验数据如表8-1所示，可以看出AUV采用的路径跟踪方法进行水面路径跟踪的精确性达到了要求。

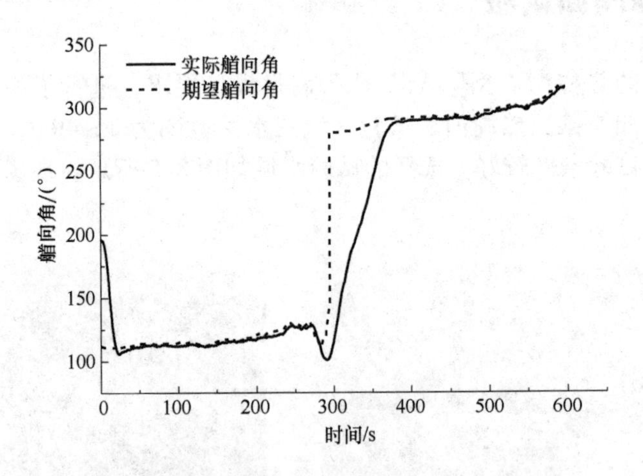

图8-8　AUV期望航向与实际航向的对比曲线图

表8-1　部分试验数据

时　间	GPS经度/(°)	GPS纬度/(°)	期望艏向角/(°)	实际艏向角/(°)
12：26：29	120.317741	31.109846	111	198.115
12：28：28	120.317810	31.109794	111	110.777
12：39：33	120.319290	31.109363	116	104.626

8.2.2 水下路径跟踪实验

在上位机中给定巡航中心点和运动图形，如图 8-9 所示，依赖航位推算系统进行水下路径跟踪试验。使命规划：AUV 航速为 0.8kn，下潜深度为 3m，初始位置 GPS 经纬度为（120.317474，31.109632），起始航迹点 GPS 经纬度为（120.318199，31.109256），回收航迹点 GPS 经纬度为（120.317421，31.109615），巡航图形为六边形，巡航中心位置为（120.318199，31.109256），自主导航时间为 600s。根据航位推算出的经纬度画出巡航轨迹图如图 8-10 所示，图 8-11 为航迹的二维平面图，图中不包含回收曲线，表 8-2 为部分试验数据。可以看出 AUV 进行自主巡航的稳定性很高，巡航使命结束浮出水面返回回收点的过程中，湖面起风，水流波动较大，导致 AUV 存在部分轨迹杂乱，但是总体上使用航路点跟踪方法进行 AUV 水下路径跟踪的路径辨识度较高。

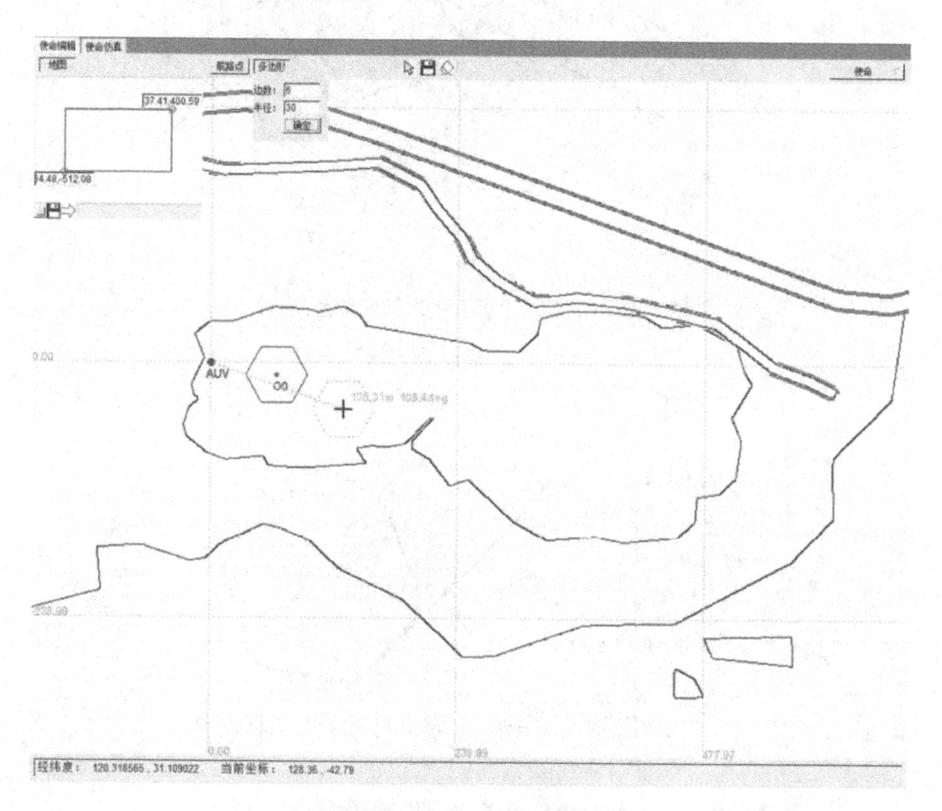

图 8-9 上位机航迹规划界面图

表 8-2 部分试验数据

时　　间	经度/(°)	纬度/(°)	期望艏向角/(°)	实际艏向角/(°)
13：44：34	120.317459	31.109640	142	195.666
13：45：55	120.317535	31.109533	141	140.228
13：48：52	120.317787	31.109258	138	136.688

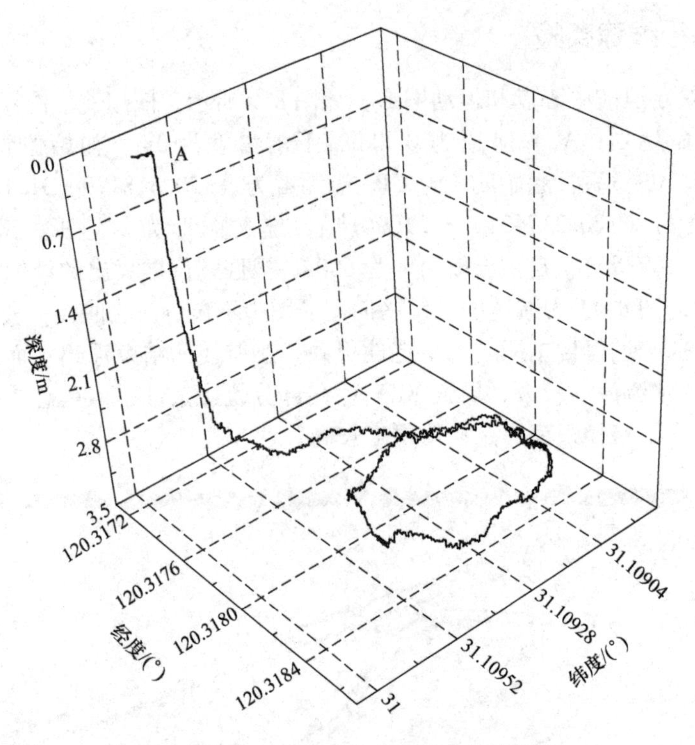

图 8-10　水下六边形自主巡航经纬度轨迹

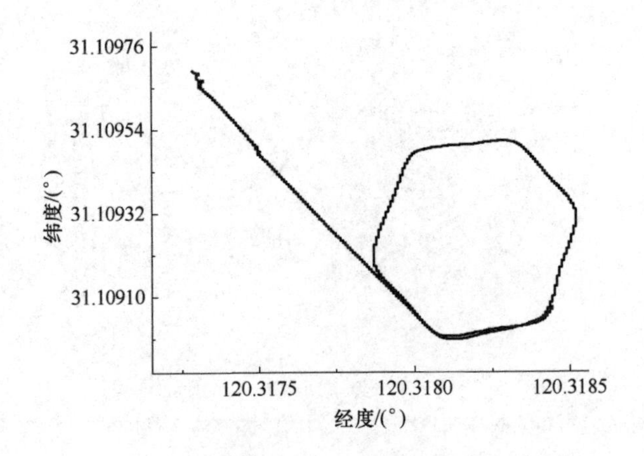

图 8-11　航迹的二维平面图

在执行航行使命任务时，根据使命任务结合由传感器获得的数据通过航位推算计算出期望速度和期望航向等数据，同时多种传感器互相配合，很好地解决了由于传感器的自身误差以及安装偏差造成的 AUV 自主导航精度达不到实际工程应用要求的问题。

思考题

1. 为何要构建 AUV 坐标系？

2. 简要介绍AUV基于航路点跟踪的原理。
3. 阅读一些文献资料，除PID控制器外，列举一些应用于AUV控制的控制器。
4. 简要介绍AUV航位推算的基本原理。
5. 要验证AUV的轨迹跟踪功能，需要完成哪些试验验证？

第9章 "探海I型"自主水下机器人(AUV)动力定位设计与实现

动力定位（Dynamic Positioning，DP）技术的研究始于20世纪60年代，这是一种可以不用锚系而自动保持海上浮动装置的定位方法，现被广泛应用于工程船舶以提高船只的深海作业能力。随着人们对海洋探索的深入，自主式水下机器人（Autonomous Underwater Vehicle，AUV）的水下任务变得越来越复杂和多样化，对AUV的设计也提出了水下悬停或缓速搜寻等任务需要。AUV的动力定位是通过一系列执行器（主要是推进器）抵消环境干扰，并使自身以一定的姿态和距离保持在一个基准点或基准线附近，对提高AUV运动控制和水下作业时的灵活性和精确性有着重要意义。

本章主要介绍目前动力定位技术研究现状，AUV动力定位技术的目的、意义和工作原理，以及针对"探海I型"AUV的动力定位试验进行分析。

9.1 自主水下机器人动力定位研究现状和难点

海洋面积广阔，其中近80%都是1000m的深海，我们国家的南海大部分深度也在1000m以上。要对我国的南海开发和利用，就必须向深海远海去发展，这样才能在发展国家海洋经济、维护国家海洋权益等方面取得更大的进步。对深海的探索中，抛锚工序极其复杂且代价高昂，DP系统由于不受水深限制、灵活性好、机动性强等特点被广泛用于海上作业船舶和海上平台的定点系泊。

动力定位系统的主要功能包括：

1）定点控制：是动力定位系统最基本的功能，即根据位置参照系统提供的位置变化自动进行计算，控制各个推力器的推力大小，保证航向和位置不变。

2）航迹控制：复杂作业中沿着一条预定轨迹前进。

3）循线控制：在航迹控制的同时，保持航向与预定轨迹的航迹方向一致，典型的例子是在海底铺设管道。

4）跟踪控制：始终与目标保持固定的空间位置关系。

传统的AUV多用于巡航式作业，呈鱼雷形，依靠舵机控制转向和浮潜，需要一定速度来平衡自身的正浮力，无法完成动力定位的操作。随着AUV的应用越来越广泛，对AUV的机动性和操纵性要求也越来越高，如果单单以巡航为目的，作业能力极其有限，大大限制了AUV的应用范围。对于具有高机动性、高操纵性的全驱动AUV，如果不研究水下动力定位能力，不能进行任意位置悬停和抵抗水下干扰的能力，那么相对于ROV工作地点灵活、对基础辅助设备依赖小的优势将大大削弱。欧盟的TRIDENT项目由水面无人艇和作业型自主水下机器人（IAUV）组成，该项目结束于2012年，机器人GIRONA500可完成水下自主调查并生成海底图像，自主与无人艇对接，之后再次入水，完成水下物品的机械手抓取，是水下机器人研究的又一里程碑。

目前，AUV的动力定位存在以下难点：

1）传感器少：由于自身大小和负载携带量的限制，水下航行器能够携带的测量单元的种类和数量都远比水面船舶、浮动平台要少，因此获得的位置信息和环境扰动信息类型和数量更少。

2）环境扰动灵敏：AUV体积小、质量轻，惯性较小，对环境扰动的响应更为敏感，相应的推进器转速变化也更频繁，会加重能源消耗和螺旋桨磨损。

3）自由度高：水下航行器的动力定位需要控制的自由度比船舶动力定位更多，控制耦合性更高，因此不能照搬船舶动力定位的方法。

4）扰动多：如果用于巡航操作水下环境一般不会太复杂，但是执行水下特定任务时由于不断校准位置会对机体产生扰动，扰动主要来自操作部件自身移动导致动力学特性改变和水环境的反作用力，有些扰动是未知的、不可建模的。因此，如果要机体在自由状态下仍能进行操作，就意味着要控制一个高度耦合的非线性系统。

9.2 自主水下机器人动力定位的目的和意义

在AUV执行任务的过程中，不但要求机器人在环境扰动作用下按照预定的轨迹运动，而且在许多情况下需要利用AUV对目标物进行更细致的观察，这就需要AUV具有能够抵抗环境扰动的动力定位能力。AUV的运动控制是高度非线性和强耦合性的，在AUV作业时会因为环境干扰造成运动模型的偏差，通过动力定位系统弱化部分环境干扰，使作业时的精确性得到提高。但同时，动力定位系统也会引入新的控制噪声和环境干扰，控制量的高频抖振必将导致AUV推进器的磨损，也会产生能耗的问题，这也是我们所需要考虑的。

进行AUV的动力定位首先要实时获得当前高精度位置信息，再结合外界浪、流等扰动的影响根据控制规律计算出使机器人恢复到目标位置所需的推力，并在AUV上各推进器之间进行推力的分配，最终各推进器产生相应的推力，使AUV保持在预定的位置或沿预定的轨迹运动。AUV动力定位技术是一项涉及机械、电子、流体力学、信号处理和控制等多学科的高新技术，动力定位的实现将为AUV带来更强大的功能和更广泛的应用。

9.3 “探海Ⅰ型”自主水下机器人（AUV）动力定位原理

AUV动力定位系统由水下位测系统、控制系统和推力系统3部分构成。由于水下无法收到GPS信号，AUV需要通过惯导、多普勒和深度计的数据不断推算AUV实际位置，并计算与目标位置的GPS平面偏差，根据PID控制器得到机器人恢复到目标位置所需要的推力与转矩大小，换算成转速分配给各推进器。

9.3.1 AUV 水下位测系统

AUV 水下位测系统包含 3 部分，即光纤惯导的姿态角测量与处理、深度计数据的测量和水平经纬度的推算。该 AUV 位测系统设计较为简单，其中，深度数据仅采用深度计测得的数据，姿态角以光纤惯导经处理的数据为准，水平位置数据需要通过姿态角和多普勒速度数据进行推算。航位推算的主要思想是弧度和角度的转化，如图 9-1 所示，长半轴为 a，短半轴为 b，λ 为当前位置经度坐标，φ 为纬度坐标，v 为机器人速度，v_E、v_N 为 AUV 在北东地坐标系（也叫导航坐标系）下东、北方向的速度分量，航位推算算法可参考本书第 8 章。

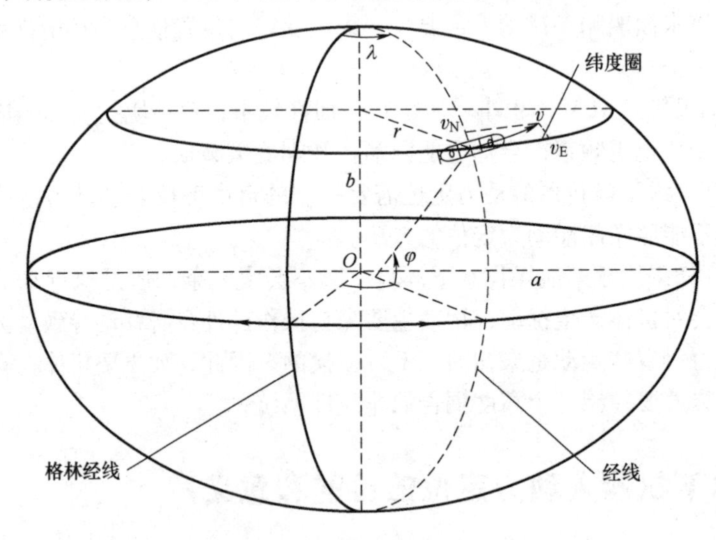

图 9-1　航位推算示意图

对于以上的测量数据，需要注意以下几点：

实际使用中的多普勒测速仪大多采用四波束配置，AUV 在水下会产生横摇和纵倾运动，并引起多普勒波束水平倾角的变化，波束倾角的微小变化会引起速度的偏差，其中 z 轴的速度精度相对于多普勒安装时的 x 轴和 y 轴精度要低很多，所以该 AUV 对导航数据处理时剔除多普勒 z 轴速度。

9.3.2 动力定位控制系统

PID 控制器在工程实际中应用十分广泛，AUV 的动力定位控制器采用 PID 算法，将 PID 控制划分为纵倾角控制、深度控制、水平面 xy 轴控制和艏向角控制 4 大块，分别对俯仰、浮潜、进退、横移和转艏 5 个自由度的运动进行控制。上层控制器根据除 GPS 外的 3 个导航传感器得到当前纵倾角、横倾角、艏向角、深度和大地坐标系坐标的位置信息，对以下位姿信息采用以下两种控制策略：

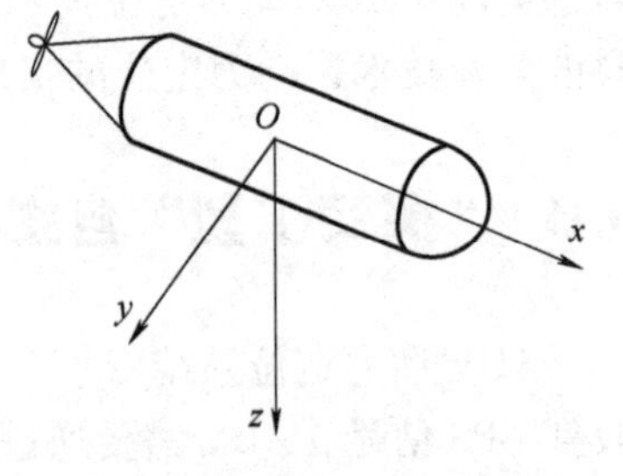

图 9-2　运动坐标系示意图

1）如图 9-2 所示，x 轴指向 AUV 艏向，y 轴指向 AUV 右舷，z 轴指向 AUV 底部，对于纵倾角偏差、艏向角偏差和深度偏差，通过PID算法得到需要的y轴转矩M_y、z轴转矩M_z和z轴推力T_z大小。

2）对于经纬度误差，提取其中航位推算得到的水平面坐标数值（λ，φ）和目标点经纬度坐标（λ_{obj}，φ_{obj}），将二者间的偏差经高斯投影转化为距离误差（X_{obj}，Y_{obj}），经过航向变换得到目标点在动坐标系中的坐标（x_{obj}，y_{obj}）：

$$\begin{pmatrix} x_{obj} \\ y_{obj} \end{pmatrix} = \begin{pmatrix} \cos\psi & \sin\psi \\ -\sin\psi & \cos\psi \end{pmatrix} \begin{pmatrix} X_{obj} - X_{auv} \\ Y_{obj} - Y_{auv} \end{pmatrix} \tag{9-1}$$

式中 （X_{obj}，Y_{obj}）——目标在大地坐标系的坐标。

在运动坐标系中，对目标点的位置偏差运用PID控制得到x轴和y轴推力T_x和T_y大小。

9.3.3 推进器转速分配

该AUV动力定位推力分配算法采用先计算转速，再将转矩和推力所需叠加分配给各推进器，其中纵倾控制仅由艏部推进器控制。

由于推进器推力正比于转速的二次方，所以将推进器推力和转矩转化为推进器转速进行分配。

推进器推力T可以表示成：

$$T = \rho n^2 D^4 K_T \tag{9-2}$$

式中 ρ——水的密度；

n——螺旋桨转速；

D——螺旋桨直径；

K_T——推力系数。

这里可以把ρ、D和K_T的关系看作系数C_1，于是转速与推力的关系可以看作：

$$n_T = \sqrt{\frac{T}{C_1}} \tag{9-3}$$

推进器力臂为l，力矩M可以写作：

$$M = lC_1 n^2 \tag{9-4}$$

把lC_1看作系数C_2，得到转速和力矩的关系：

$$n_M = \sqrt{\frac{M}{C_2}} \tag{9-5}$$

于是可以把上层控制器得到的推力T_x、T_y、T_z和转矩M_y、M_z转化为转速大小n_X、n_Y、n_Z和n_M、n_N，再根据推进器的阈值对其进行调整。

n_0为推进器补偿的转速，n_1为主推转速，n_2、n_4为艏艉两个侧向推进器转速，n_3、n_5为艏艉两个垂向推进器转速，可以得到：

$$\begin{pmatrix} n_1 \\ n_2 \\ n_3 \\ n_4 \\ n_5 \end{pmatrix} = \begin{pmatrix} n_X \\ \dfrac{|d_4| n_N}{|d_2| + |d_4|} + \dfrac{n_Y}{2} \\ \dfrac{n_Z}{2} + Cn_M \\ -\dfrac{|d_2| n_N}{|d_2| + |d_4|} + \dfrac{n_Y}{2} \\ \dfrac{n_Z}{2} \end{pmatrix} + n_0 \tag{9-6}$$

式中　n_X、n_Y、n_Z、n_M、n_N——分别为进退、平移、浮潜、纵倾和转向的转速；

d_2、d_4——分别为推力分配转矩的力臂；

C——转矩系数。

9.4 “探海 I 型”自主水下机器人（AUV）动力定位试验

以全驱动自主水下机器人“探海 I 型”为对象，对 AUV 的水下任意给定目标点进行动力定位湖试并对结果分析。在对 AUV 的 5 自由度动力定位控制中，依靠惯导、多普勒和深度计组成水下航位推算系统计算当前位置，将运动控制分成转矩控制和平移控制两部分，并使用比例-积分-微分（PID）控制方法对所需要的推力和转矩大小进行计算，然后对各推进器的推力进行分配，使 AUV 动态地保持在任务给定位置。

选择的试验水域为苏州居山湾试验场，如图 9-3 所示，试验设定目标点经纬度坐标，定位深度 5m，艏向 270°，当前 AUV 艏向角 16°。试验分为两个阶段：第一阶段，AUV 从水下接近给定目标位置；第二阶段，对于艏向角、大地坐标下的 XY、深度和纵倾角 5 个自由度进行动力定位控制，并在目标点处悬停 30min。

图 9-3　AUV 入水调试

本试验由光纤惯导（可提供高精度的航姿信息、三轴角速度信息和三轴线加速度信息）、多普勒计程仪（可提供三轴线速度信息和距底高度信息）及深度计组成的航位推算系统，根据航位推算系统给出的位姿信息进行水下动力定位控制。AUV 在收到动力定位的任务指令后的运动控制分为两个阶段：目标点跟踪控制和动力定位控制。目标点跟踪控制采用 3 自由度 PID 航路点控制策略（深度、纵倾角、艏向角 PID 控制），动力定位控制采用 5 自由度 PID 控制策略（深度、纵倾角、艏向角、x 轴方向及 y 轴方向 PID 控制）。两个阶段的控制器以目标点捕获半径作为切换点。如图 9-4 所示，当 AUV 到达捕获半径时表示 AUV 已经足够接近目标点，此时切换动力定位控制器，完成进一步的逼近。

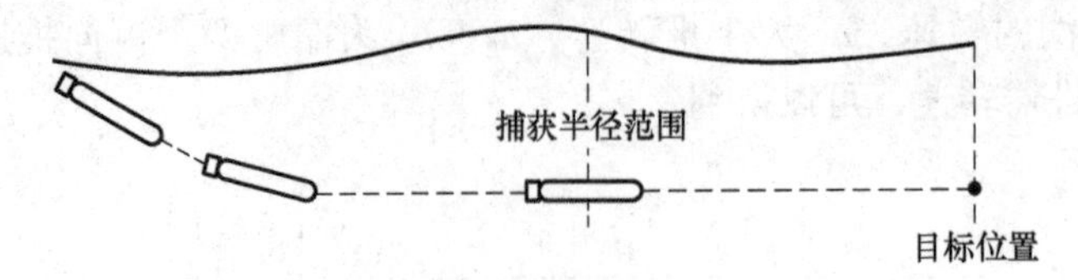

图 9-4　动力定位任务示意图

试验第一阶段用时 108s，如图 9-5 所示，初始点 A，目标位置 B，该阶段主要对深度、艏向角进行控制，调节纵倾角，以恒定的速度接近目标点，当 AUV 到达捕获半径时切换控制器。如图 9-6 所示，自动驾驶仪根据传感器得到的角度和速度数据通过航位推算实时计算期望航向，通过水平辅助推进器调整艏向角偏差，使 AUV 艏部始终指向目标点。深度的变化如图 9-6a 所示，AUV 根据深度变化调节垂向辅助推进器，通过纵倾角变化调整艏部辅助推进器转速。

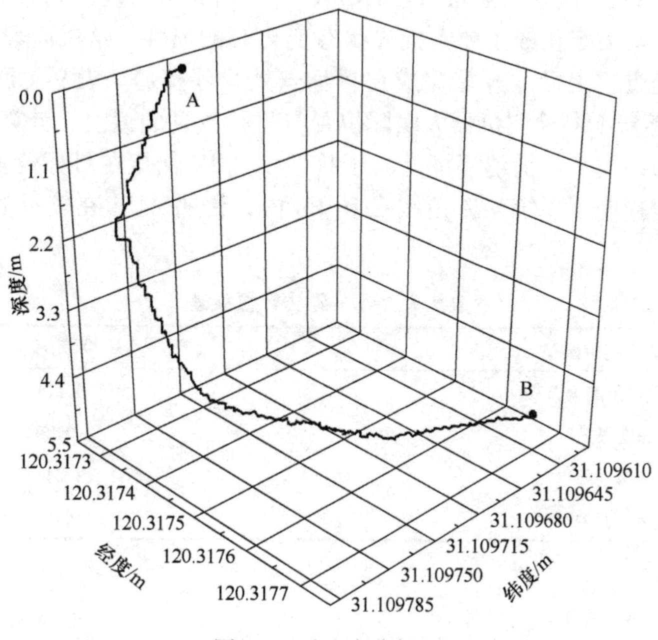

图 9-5 动力定位轨迹

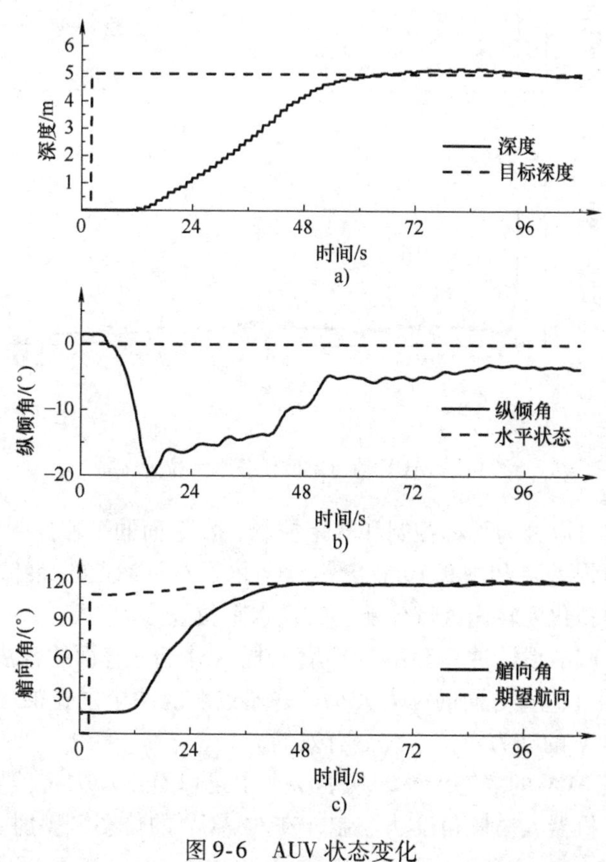

图 9-6 AUV 状态变化

试验第二阶段为开始试验后的108s，如图9-7～图9-9所示。图9-10所示是AUV各推进器的转速值，到达捕获半径（5m）后，AUV开始5自由度的动力定位控制任务。由于水下较为平静，动力定位的主要干扰为状态变化时的惯性。这一阶段首先要求AUV对目标点实现悬停逼近，之后才开始完成在目标点处悬停控制。表9-1所示为动力定位误差，AUV通过传感器不断检测机器人实际位置与目标位置的偏差，计算出使AUV恢复到目标位置所需推力的大小，抵消环境外力干扰，使AUV保持在目标位置。结合图9-7可以看出，动力定位控制器系统误差范围在0.2m内，说明AUV在较平静水域的定位控制性能良好。

表9-1　AUV动力定位误差

动力定位误差	平均值
目标点距离误差/m	0.114
深度误差/m	-0.002
艏向角误差/(°)	2.246
纵倾角误差/(°)	0.01

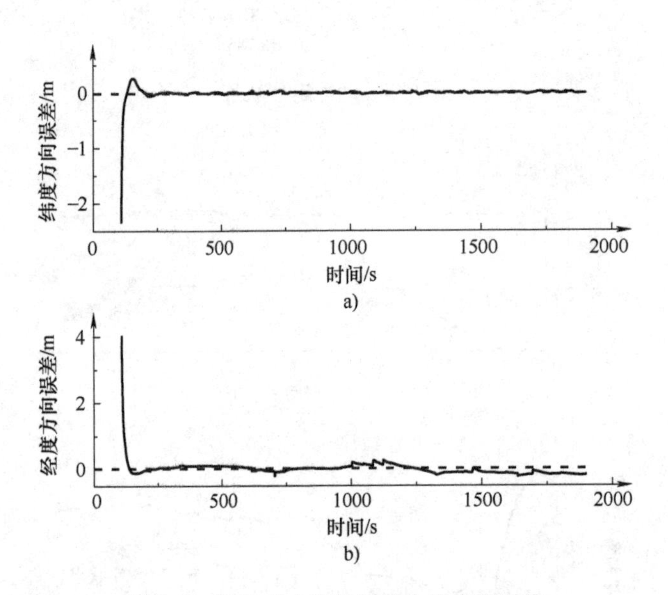

图9-7　AUV动力定位任务水平位置误差

动力定位的控制可以分为平移控制和转矩控制。水平面的平移控制可以从图9-7的大地坐标误差（水平位置误差）和图9-10看出，AUV依靠对目标点的经纬度误差调整水平方向推力大小，再将推力转化为转速进行分配，实现水平位置的动态定位，消除控制器切换引起的抖振、状态变化引起的惯性冲程和部分环境干扰。对于垂直面的深度变化，对比图9-8，AUV根据深度变化改变垂直方向的推力大小，并通过艏艉两个垂直推进器对深度进行调整，根据表9-1可知，AUV的动力定位系统是有效的。

转矩控制主要是AUV的姿态调整，从表9-1中可以看出动力定位姿态角控制指标，首先是横倾角，由于该机器人横倾角没法控制，在对AUV的位姿调整时，仅能依靠静力衰减

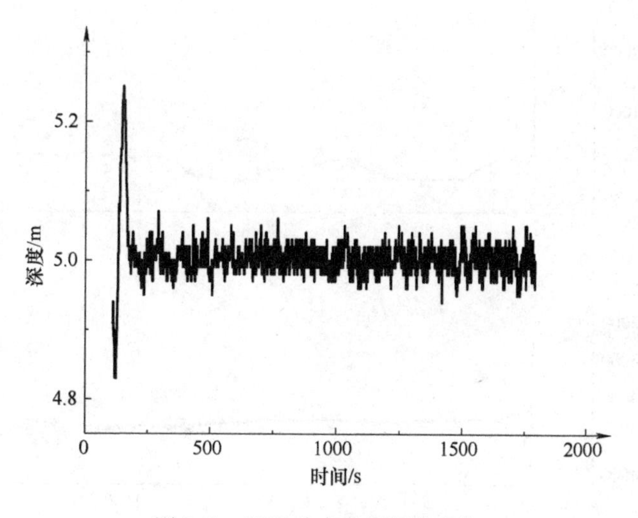

图 9-8　AUV 动力定位深度变化

由于动力定位控制引起的摆振，从图 9-9 可知，AUV 在横倾角的抖振幅度较小。在纵倾角方面，由于 AUV 存在稳心差，运动时需要一个攻角来稳定深度，而这个攻角在 AUV 状态变化时会对纵倾角和深度造成 AUV 一个下冲运动，如图 9-10 所示，机器人通过对纵倾角的测量改变 y 轴转矩，分配给艏部垂推，消除 AUV 状态变化引起的垂直方向抖振。最后艏向角过渡较为平缓，从表 9-1 可以看出，艏向角存在一定的偏差。AUV 的动力定位系统能在定位的同时保持姿态。

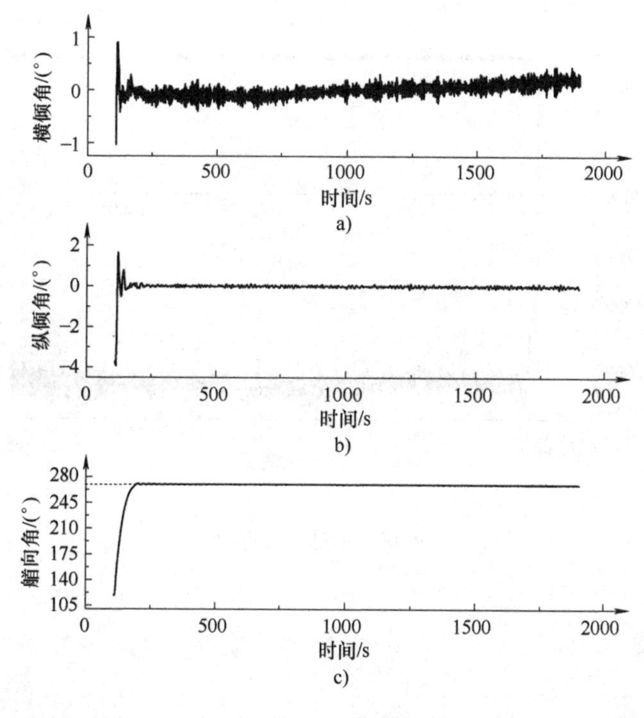

图 9-9　AUV 姿态角变化

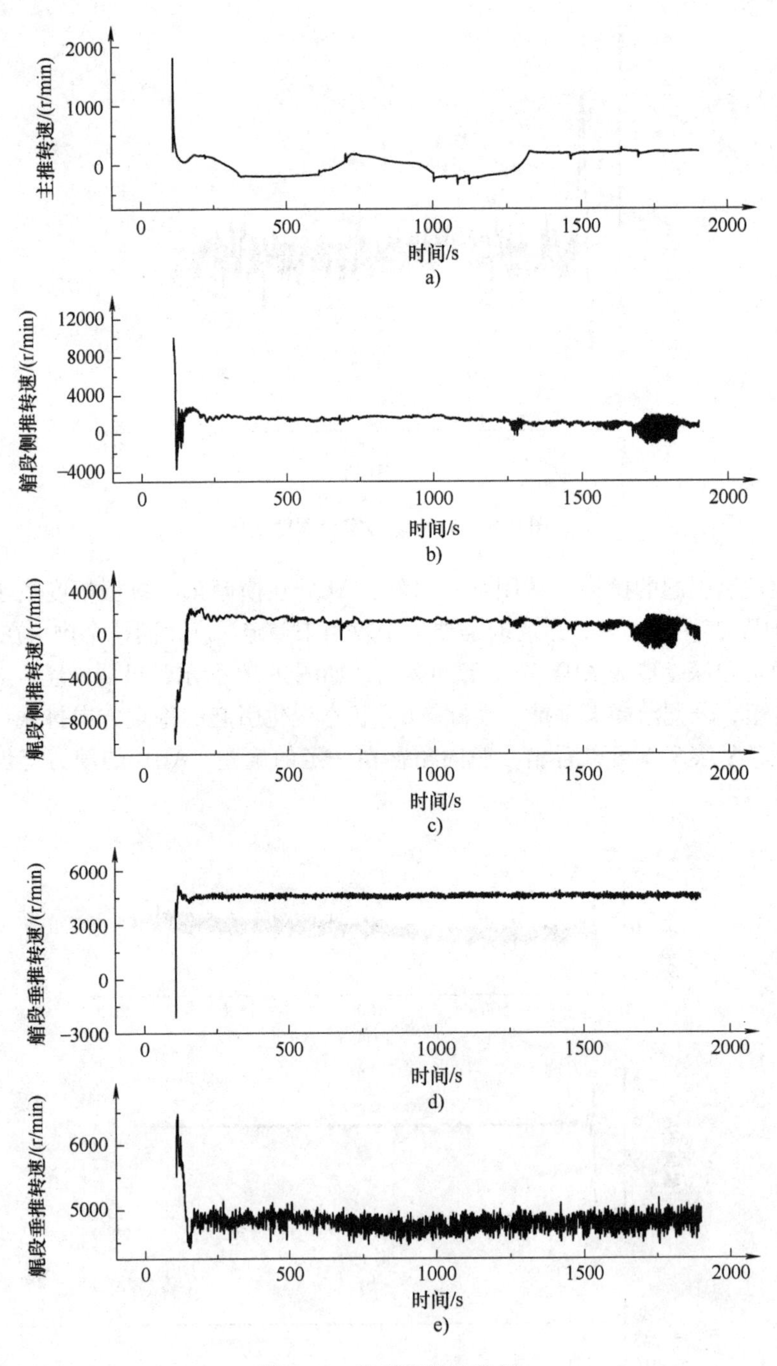

图 9-10　推进器转速数据

9.5　本章小结

本章对自主研发的全驱动自主水下机器人“探海 I 型”达到指定目标的 5 自由度动力定位控制进行了试验，依靠光纤惯导、多普勒和深度计组成的水下航位推算系统，借助 PID 控制对位置和姿态误差进行补偿。试验的机器人将运动控制分为转矩控制和平移控制两部分，并转化成转速再进行分配，简单易行，具备一定的抗干扰能力，验证了PID动力定位控制器的有效性。但是该AUV水下定位依靠航位推算，航位推算会随着时间增长产生漂移，30min水下轨迹跟踪加动力定位试验出水时横移误差高达7.1m，这对于水下作业任务是极其致命的，也间接说明了导航定位对水下机器人研究的重要性。

思考题

1. 说说你对动力定位的理解，并说明动力定位系统的基本功能有哪些？

2. 目前AUV动力定位有哪些难点？

3. 全驱动AUV动力定位系统有什么实际意义？

4. 结合动力定位的原理，说说AUV动力定位与传统动力定位有什么不同？

5. AUV水下动力定位以航位推算数据为基准，航位推算是发散的系统，漂移误差会随时间累积，水声系统定位精确但价格不菲，有什么办法可以解决水下定位误差大的问题？

第10章 “探海I型”自主水下机器人(AUV)声呐目标识别

自主水下机器人依据不同的应用背景具有不同的功能，一般来说，其应具有探测、跟踪与测绘等功能。由于摄像头在浑浊水域成像效果较差，而水声信号在水下具有得天独厚的应用背景，因此声呐设备是进行水下探测的必要设备。声呐系统作为 AUV 的眼睛，对于 AUV 实现避障、导航、水下信息探测等功能都有着不可取代的作用。除此之外，由于水下运动物体有可能是我们感兴趣的目标或者成为水下机器人的潜在威胁，因而对运动物体进行准确有效的跟踪对水下机器人执行对应的探测任务和确保水下机器人的安全航行都有着非常重要的意义。

本章介绍了声呐目标识别试验，根据自主水下机器人试验中获得的声呐图像进行了目标跟踪研究。整个跟踪流程包括声呐图像增强、声呐目标检测与椭圆特征提取与识别。采用三帧差分法进行声呐目标检测，使用一种基于 Hough 变换的快速椭圆特征提取算法。最后通过试验验证了目标识别算法的有效性。

10.1 Micron DST 声呐

10.1.1 Micron DST 声呐简介

本自主水下机器人前视声呐采用 Tritech 公司的 Micron DST 型单波束数字机械扫描声呐，安装在 AUV 前段的 DST 声呐如图 10-1 所示。该声呐具有体积小、质量轻的特点，同时本款声呐为数字线性调频脉冲声呐，线性调频脉冲具有分辨率高的特点。其硬件技术指标如表 10-1 所示。

表 10-1 声呐技术指标

性能	参数指标
工作频率/kHz	675
垂直波束宽度/(°)	30
水平波束宽度/(°)	3

（续）

性　　能	参数指标
扫描范围/(°)	360
扫描速度/(m/s)	正常：0.9；快速：1.8；非常快：3.6
探测距离/m	0.3~100
通信方式	RS232/RS485
最大使用水深/m	750@标准型，3000@加强型
重量/g	324@陆上，180@水中
供电/V	7~50

图10-1　Micron DST前视声呐

10.1.2　Micron DST声呐通信协议

在光纤遥控作业模式下，本AUV搭载的声呐经由固定于底板上的光端机模块通过网络通信与水面控制单元进行交互。本AUV中采用的Micron DST声呐通信协议流程图如图10-2所示。

具体步骤如下：

1）在配置好声呐参数并开启串口之后，声呐间隔1s向主控计算机发一次“mtAlive”消息，只有收到“mtAlive”消息时才表明声呐正常接入。

2）当声呐正常连接之后向声呐发送mtSendVerison命令来检查声呐版本信息，声呐回复mtVerisondata返回其版本信息。在这之后可以向声呐发送“mtSendBBUser”命令，声呐返回“mtBBUserData”命令来记录声呐的各种设置。

3）当再次收到mtAlive消息后进行参数配置的检查，如果声呐参数没有进行配置，则发送mtHeadCommand进行声呐参数的设置。

4）在声呐参数成功设置之后，控制计算机向声呐下发“mtSendData”指令，声呐在收到指令后发出探测波束，并返回“mtHeadData”消息，可以从中得到一帧声呐图像数据。在这之后步进电动机转过一定角度，并依然间隔1s向控制计算机发送一次“mtAlive”消息，指示声呐可以再次进行扫描。

其中mtHeadCommand命令作为声呐设置的重要参数，主要进行扫描范围、扫描角度、扫描速度、声呐增益、扫描频率等参数的配置。

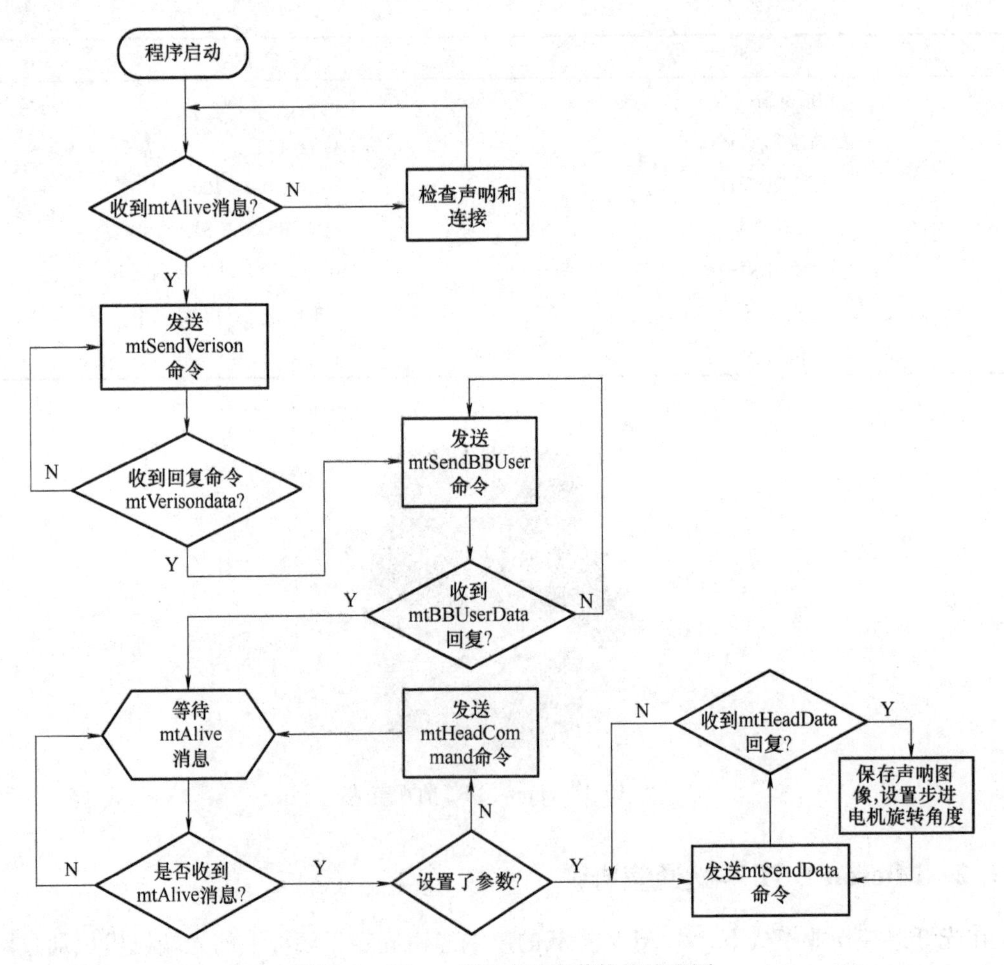

图 10-2　Micron DST 声呐通信协议流程图

10.2　前视声呐成像原理

本前视声呐成像过程包括 3 个步骤：首先进行声呐数据采集，然后通过坐标变换与波束内插在显示屏上得到完整的声呐图像帧。

10.2.1　声呐数据采集

首先，前视声呐根据预先设置好的扫描距离、扫描范围、增益等参数对前方一定范围内的区域进行扫描。前视声呐以预设的扫描范围向前方被探测区域发射脉冲进行探测，在该扫描范围上设置若干个采样点进行数据采集，每个采样点的数值代表回波强度大小。如果探测区域某个位置存在物体，则该处回波强度较大，不存在物体的地方回波强度会非常小，甚至没有回波。在完成一次扫描后声呐以设定角度转过一定范围进行下一次扫描。重复以上步骤，直至完成前方设定角度的扫描。之后重复上述操作，继续对目标区域进行探测。在这个过程中，声呐可以将得到的回波数据反馈给上位机进行处理。图 10-3 为前视声呐对前方

90°范围内扫描示意图，扫描距离设为 20m。

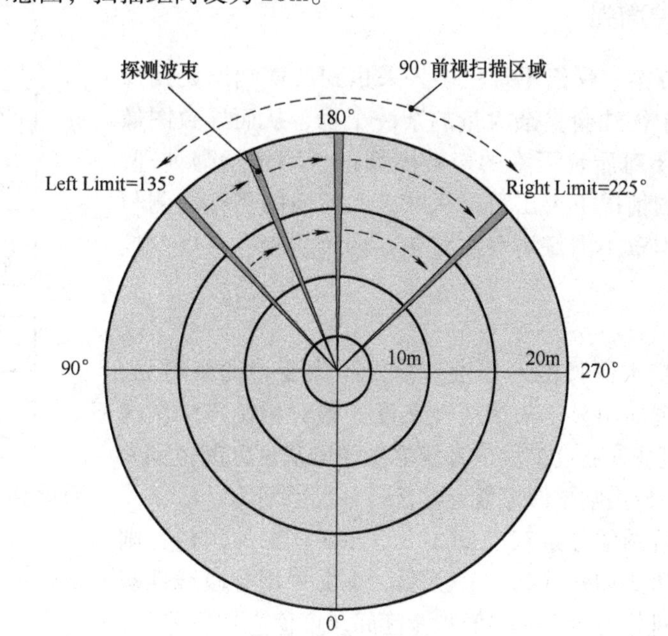

图 10-3　声呐扫描示意图

10.2.2　坐标变换

由于声呐接收到的回波数据点是以距离和角度形式的二维极坐标系表示的，而显示器上的像素点是以二维直角坐标系表示的，因而需要进行坐标变换实现极坐标（ρ，θ）到直角坐标的（x，y）转换，以便于声呐回波数据在显示器上的显示，坐标变换公式如下：

$$\begin{cases} x = x_0 + \rho\cos\theta \\ y = y_0 + \rho\sin\theta \end{cases} \tag{10-1}$$

10.2.3　波束内插

由于前视声呐图像需要进行扇形显示，这导致远距离方位像素过少，产生空洞，为了提高声呐图像的精度与分辨率，需要对坐标变换后的声呐图像进行波束内插，使图像变得清晰、柔和。通常采用的波束内插算法包括线性内插和二次插值两种。线性内插利用两个点的信息进行插值，用经过曲线 $y=f(x)$ 上两点（x_0，y_0）和（x_1，y_1）的直线近似代替曲线，计算量小，但精度低，容易造成波形失真。二次插值利用经过曲线 $y=f(x)$ 上 3 个点（x_0，y_0）、（x_1，y_1）和（x_2，y_2）的抛物线近似代替曲线，二次插值后的图像精度较高，分辨率得到明显改善。

10.3　声呐目标识别

声呐目标识别流程图如图 10-4 所示。

10.3.1 声呐图像增强

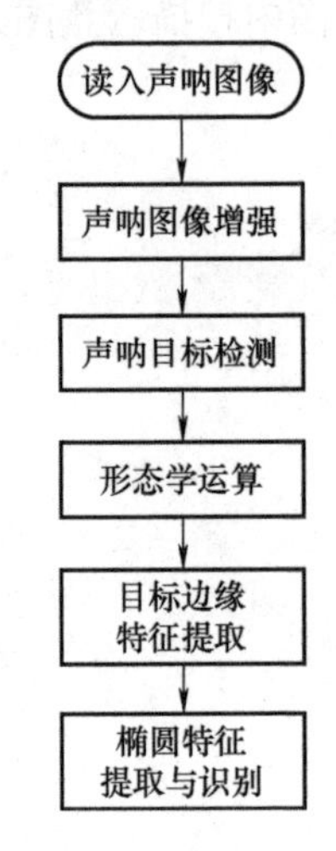

图 10-4 声呐目标识别流程图

由于水下环境复杂，噪声干扰较多，采集到的声呐原始图像在产生和转换过程中往往会夹杂大量的杂波干扰，从而导致图像品质下降，因此需要对质量下降的声呐图像进行图像增强处理，在保证图像不失真的情况下突出目标区域，为后面的目标检测与特征提取做准备。本章中图像增强主要包括两个步骤：灰度变换与中值滤波。

1. 灰度变换

灰度变换通过扩大图像的对比度，使得图像变得清晰可见，图像上相应的特征更加明显。采用线性灰度变换对原始声呐图像进行处理，线性灰度变换通过扩展或者压缩图像的灰度区间范围来改善图像品质。设原始声呐图像像素灰度$f(x, y)$区间为$[a, b]$，经过线性灰度变换后图像像素灰度$g(x, y)$区间为$[c, d]$，则线性灰度变换的表达式如式（10-2）所示。本文采用分段线性灰度变换，将灰度区间分为两段，将低灰度区间灰度值直接置零。

$$g(x,y) = \left(\frac{d-c}{a-b}\right)[f(x,y) - a] + c \tag{10-2}$$

2. 中值滤波

在声呐的生成过程中往往会掺杂噪声干扰，因此需要削弱噪声干扰，改善图像质量。领域平均法是将每个点的灰度值用该点邻域平均值来代替，等同于一个二维的低通滤波器，然而这种算法在减少了噪声干扰的同时也模糊了图像的边缘和细节，使图像产生畸变；高斯滤波虽然具有处理速度快的优点，但对于噪声干扰较多的声呐图像处理效果不佳；中值滤波在消除孤立噪声点、减小图像中噪声的同时保护了图像边缘，是进行图像降噪的较好选择。

中值滤波采用某种可移动的模板，其对模板内所有像素值进行排序，用排序之后位于中间的像素值替换掉整个模板中心处的像素值。通常情况下，模板包含奇数个像素点，不同尺寸和形状的模板可以产生不同的滤波效果，本章采用 5×5 的方形滤波模板对声呐图像进行滤波处理。

10.3.2 声呐目标检测

经过增强处理之后的声呐图像存在的噪声干扰在一定程度上得到了抑制，目标和背景特征得以凸显。随后要做的就是如何将目标从背景中提取出来，目标检测实现的功能即将目标和背景进行分离，以便于后续的目标识别与跟踪。目前在目标检测中常见的算法有背景差分法、帧间差分法、光流法。背景差分法实现简单，一般能提取出最完整的运动目标相应特征，但对环境变化适应性差；帧间差分法设计复杂度低，对环境的适应性强，但对于运动较慢的目标容易出现检测不完整的情况；光流法检测精度高，同时适用于背景静止和变化的运动目标检测，但光流法计算复杂，实时性差，需要特定的硬件设备进行支持。

本章采用三帧差分法进行目标检测，安装在水下机器人艏部的前视声呐在目标识别试验中在水下保持相对静止，背景变化小，采用三帧差分法可以取得较好的检测效果。与此同时，其可以改善帧间差分法无法完整检测到运动速度较慢目标的问题。采用的三帧差分法通过将采集到的三帧声呐图像进行两两做差，对差分后的两帧声呐图像进行二值化操作，然后对二值化后的图像进行逻辑“与”操作，最终检测出运动目标。其具体实现步骤如下：

1）从声呐采集到的连续 H 帧经过增强处理的图像序列 f_1，f_2，…，f_H 中抽取3帧连续图像，记为 I_{k-1}、I_k、I_{k+1}。分别对相邻两帧图像做差分处理，将差分结果记为 D_k、D_{k+1}，如式（10-3）和式（10-4）所示。

$$D_k = |I_k - I_{k-1}| \tag{10-3}$$

$$D_{k+1} = |I_{k+1} - I_k| \tag{10-4}$$

2）选取合适的阈值，对差分之后的两帧声呐图像 D_k、D_{k+1} 进行二值化处理，将二值化后的图像记为 d_k、d_{k+1}。

3）将二值化后的图像 d_k、d_{k+1} 进行“与”运算，最终得到目标的二值图像 L_k。

10.3.3 形态学运算

由于噪声干扰的存在，经过三帧差分法检测出的目标内部容易出现空洞，采用数学形态学“开运算”对三帧差分法得到的目标图像进行处理，在平滑目标边界的同时填充了目标内部的细小空洞，在不明显改变目标图像面积和特征的前提下获得较为平滑的目标图像。先腐蚀运算后膨胀运算的过程称为数学形态学开运算。腐蚀运算的实现方式表示如下：

$$E(X) = X\Theta S = \{x,y \mid s_{x,y} \subseteq X\} \tag{10-5}$$

式中 S——结构元素，其指的是一些比较小的图像，也被称作刷子；

X——目标图像；

$E(X)$——腐蚀运算后的目标图像。

此式的含义是当结构元素 S 原点移动到点（x，y）处时，若 S 完全被 X 包含，则新的图像上该点为1，否则为0。腐蚀运算主要起到去掉目标图像的边界点的作用。

膨胀运算的实现方式表示如下：

$$D(X) = X \oplus S = \{x,y \mid s_{x,y} \cap X \neq 0\} \tag{10-6}$$

式中 S、X——含义同式（10-5）；

$D(X)$——膨胀运算后的目标图像。

此式的含义是当结构元素 S 原点移动到点（x，y）处时，若 S 与 X 有任何一点同时为1，则新的图像上该点为1，否则为0。若 S 与 X 完全没有相交，则新的图像上点（x，y）为0。膨胀运算主要起到去除图像内部细小空洞的作用。

开运算的实现方式表示如下：

$$L(X) = XOS = (X\Theta S) \oplus S \tag{10-7}$$

式中 S、X——含义同式（10-5）；

$L(X)$——开运算后的目标图像。

10.3.4 特征提取与识别

1. 声呐目标边缘特征提取

目标的边缘作为目标的基本特征之一，往往会携带大量的信息，通过边缘特征提取能获得目标轮廓的相应信息，为提取目标的直线特征做准备。这里采用索贝尔（Sobel）边缘算子来提取目标物体的边缘特征，Sobel 算子是一阶微分算子，从不同的方向进行图像边缘的提取。这种方法在获取目标物边缘特征时还加强了中心位置上下左右 4 个方向的像素权重。其计算公式如下：

$$f'_x(x,y)=f(x-1,y+1)+2f(x,y+1)+f(x+1,y+1)-(x-1,y-1)-2f(x,y-1)-f(x+1,y-1) \tag{10-8}$$

$$f'_y(x,y)=f(x-1,y-1)+2f(x-1,y)+f(x-1,y+1)-f(x+1,y-1)-2f(x+1,y)-f(x+1,y+1) \tag{10-9}$$

$$G[f(x,y)]=|f'_x(x,y)|+|f'_y(x,y)| \tag{10-10}$$

式中　$f'_x(x,\ y)$、$f'_y(x,\ y)$——分别代表 x 方向和 y 方向的一阶微分；

$G[f(x,\ y)]$——Sobel 算子的梯度。

当求出梯度之后，通过设置一个常数 T，当 $f'_x(x,\ y)$ 大于常数 T 时，标记此点为边界点，其像素点值置为 0，其他的像素值为 255，通过调整常数 T 的大小以达到最优的边缘特征提取效果。

2. 基于 Hough 变换的快速椭圆特征提取与识别

（1）Hough 变换及其直线特征提取原理

Hough 变换作为一种检测、定位及解析曲线的效果较好的方法，其基本思想是利用点和线在图像空间与参数空间的对偶性，计算图像空间的像素点对应参数空间的参数值，随后在参数空间搜索局部峰值，峰值对应的直线参数即为检测结果。由于 Hough 变换具有对噪声不敏感和稳健性好等优点，这使得它在检测目标时允许曲线存在小的缺损与形变，因而在特征提取中应用广泛。

如图 10-5 所示，图像空间的直线与描述它的参数空间表达式参数存在一一对应的关系，因而图像空间中的一条直线必定与参数空间中的一个点相互吻合，同时图像空间中的一点必定与参数空间中的一条曲线相互吻合。利用这种图像空间和参数空间的对应关系，把图像空间的检测问题换算到参数空间，通过在参数空间进行累加，在参数空间找出累加峰值，使直线的提取问题转化为计数问题，这就是 Hough 变换提取直线的原理。

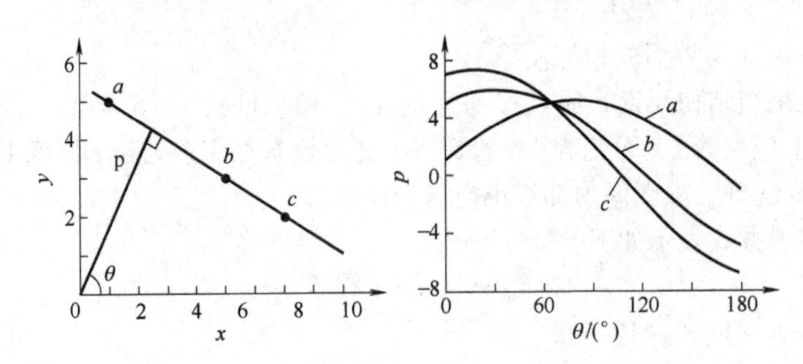

图 10-5　Hough 变换原理图

（2）基于 Hough 变换的快速椭圆特征提取

当前在椭圆特征提取中主要有 3 种类型的算法：第一类为随机 Hough 变化法，这种方法采用多到一的映射，避免了传统 Hough 变换一到多映射的庞大计算量；第二类为采用数值分析的方法进行椭圆拟合；第三类为利用椭圆的几何特性降低参数的维数，达到快速检测的目的。典型椭圆的几何方程如式（10-11）所示，其中 a、b 分别代表椭圆的长半轴和短半轴，（x，y）代表椭圆中心坐标，θ 代表椭圆长半轴和 x 轴之间的夹角。

$$\frac{[(x-p)\cos\theta+(y-q)\sin\theta]^2}{a^2}+\frac{[(y-q)\cos\theta-(x-p)\sin\theta]^2}{b^2}=1 \tag{10-11}$$

由于一条直线 $y=ax+b$ 只需要用 a、b 两个参数即可确定，从图像空间到参数空间映射形式简单，只需在二维参数空间进行统计，因此计算量不大。然而椭圆具有多达 5 个参数，如果采用常规方法需要在参数空间进行 5 个维度的累加，计算量太大。本章提出一种基于 Hough 变换的快速椭圆特征提取方法，其利用椭圆的几何特征将参数维度进行降低，从而实现快速椭圆检测的目的。这种特征提取方法的核心思想是利用椭圆的如下几何特性：在整个待检测的目标图像中，椭圆的中心坐标是整个二维面上所有点中距离椭圆边缘最大距离最小的点。整个椭圆特征提取步骤如下：

1）建立矩阵 M，将目标的边缘坐标信息保存至矩阵 M 中，求取整帧图像中所有点到矩阵 $\boldsymbol{M}$ 的最大距离，则最大距离最小的点即是要求取的椭圆中心点坐标（x，y），此最大距离即为椭圆的长半轴 a。

2）将得到的椭圆中心点坐标（x，y）和长半轴 a 代入椭圆方程中，获得关于 b 和 θ 两个未知量的椭圆表达式。

3）进行从图像空间到二维 Hough 参数空间的转换，对 b 和 θ 值进行累加，累加最大值在 Hough 参数空间的位置坐标所对应的坐标值即为 b 和 θ 数值。

10.4 “探海 I 型”自主水下机器人（AUV）声呐目标识别试验

由于本 AUV 搭载的声呐需要在有线连接的方式下才能进行通信，所以在 AUV 完成设备检查之后拔掉脐带缆，将光纤连接至 AUV 和岸基控制单元，然后将 AUV 布放在水中，开始进行声呐目标识别试验。试验中 AUV 保持相对静止，通过划船的方式带动目标进行运动，被识别的目标物体为一圆形铁盖。识别试验分为两个阶段：第一阶段目标离 AUV 较近时声呐扫描距离设为 10m，扫描模式设为 180°正常扫描；第二阶段目标离 AUV 拉远时声呐扫描距离设为 20m，扫描模式设为 90°快速扫描。试验现场和被识别目标物体分别如图 10-6 和图 10-7所示。

图 10-6 试验场地

图 10-7 被识别目标物体

分别选取识别试验第一阶段的两帧典型声呐原始图像和识别试验第二阶段的两帧典型声呐原始图像进行目标识别研究，声呐原始图像如图 10-8 所示。

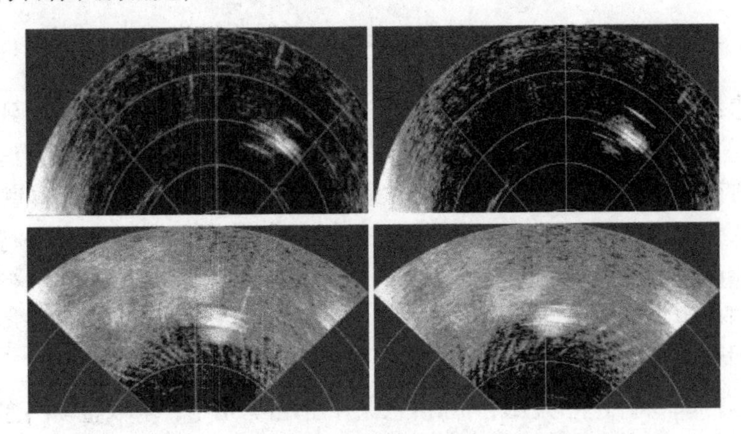

图 10-8　声呐原始图像

经过图像增强处理的 4 帧声呐图像如图 10-9 所示。

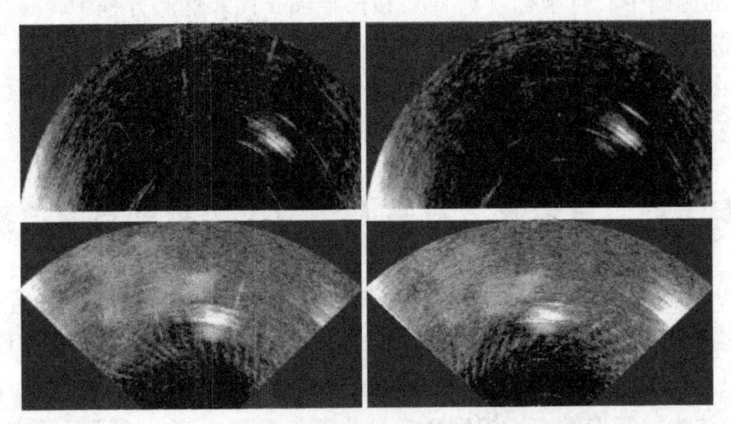

图 10-9　增强后声呐图像

对图像增强后的 4 帧图像进行目标检测的结果如图 10-10 所示。

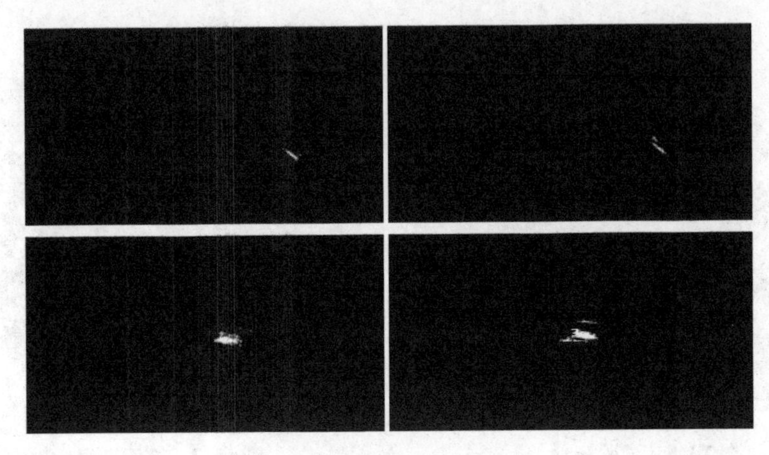

图 10-10　目标检测结果图

针对检测出的声呐目标首先进行边缘特征提取，然后再对边缘特征提取之后获得的声呐目标图像进行椭圆特征提取，特征提取结果如图10-11所示。由于噪声干扰的存在，导致目标周围和内部的一些噪声点特征被一同提取出来。

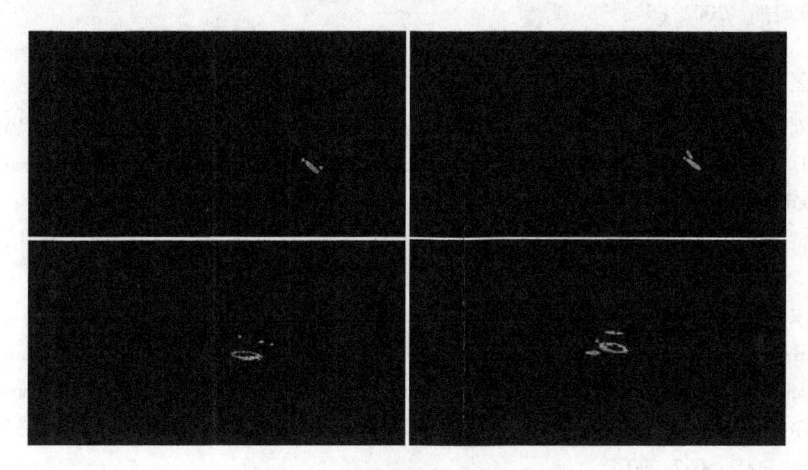

图10-11 椭圆特征提取结果图

本试验中采用的目标物体为一圆形铁盖，由于受水流的影响且目标物体在水下做不规则运动，声呐扫描得到的目标物体实际呈椭圆形。从目标检测和特征提取的结果可以看出，识别的目标近似为一椭圆特征物体，这与本试验采用的目标物体特征相一致，证明了声呐目标识别试验的成功性。

10.5 本章小结

本章对水下机器人湖试中获得的声呐图像进行了目标识别研究。整个识别流程包括图像增强、目标检测、特征提取与识别等。采用三帧差分法进行声呐目标检测，使用Hough变换的快速椭圆特征提取算法对特征提取。结果表明声呐目标识别效果较好，识别出的目标特征与试验中采用的目标物体特征相吻合。

思考题

1. 简要叙述一下声呐目标识别的步骤，以及与其他领域目标识别的异同。
2. 举例说明水下声呐目标识别的重要性体现在哪些方面？
3. 与其他水下探测设备相比较，用声呐进行水下探测的优势有哪些？
4. 传统的光学图像去噪方法包括哪些？各自有哪些优缺点？
5. 对于目前声呐目标识别实时性要求较高的特点，提出自己对声呐目标识别实时性的改进方法。

参考文献

[1] 廖又明. 载人深潜器HOV在海洋开发中的运用及现状：海洋考察中的HOV特征、用途、能力及作用［J］. 江苏船舶，2002（5）：38-42.

[2] GRZECZKA G，POLAK A. Fuel cells for autonomous underwater vehicles［J］. Solid State Phenomena，2013（198）：84-89.

[3] 吴长进，刘慧婷. MC-ROV导航系统研究［J］. 计算机测量与控制，2017，（4）：159-161.

[4] FREIWALD A，BEUCK L，RÜGGEBERG A，et al. The white coral community in the Central Mediterranean Sea revealed by ROV surveys［J］. Oceanography，2009（1）：58-74.

[5] 蒋喻栓，黄君华，林晓，等. ROV动力传输及控制系统的研究［J］. 科学与信息化，2017（23）：99-101.

[6] 唐晓东. 水下机器人及其发展［J］. 现代舰船，1996（5）：34-37.

[7] SHINOHARA M，ARAKI E，KANAZAWA T，et al. Seafloor borehole broadband seismic observatories in the western Pacific and performance of recovered seismic data［C］//IEEE. Underwater Technology and Workshop on Scientific Use of Submarine Cables and Related Technologies；2007 Symposium on IEEE. Piscataway：IEEE Press，2007：682-690.

[8] 蔡卫国，汪静，董利锋，等. 适于水下船体的爬壁机器人关键技术及其研究进展［J］. 机器人技术与应用，2011（6）：15-19.

[9] SeaBotix. LBV300-5ROV［Z/OL］. http：//www.seabotix.com/products/vlbv300.htm.2012.

[10] 朱大奇，余剑. Seamor300水下机器人的通信与控制系统［J］. 系统仿真技术，2012（1）：49-53.

[11] 任奕. 无人水下航行器的现状与发展趋势［J］. 中国科技博览，2014（38）：289-290.

[12] 卢传龙，牛立良，陈晓. 导航定位系统在防空兵作战中的运用［J］. 国防科技，2011，32（3）：62-65.

[13] 许竞克，王佑君，侯宝科，等. ROV的研发现状及发展趋势［J］. 四川兵工学报，2011，32（4）：71-74.

[14] 眭翔. 面向海洋工程水下结构检测的ROV研制及运动控制研究［D］. 镇江：江苏科技大学，2015.

[15] KHATIB O，YEH X，BRANTNER G，et al. Ocean one：A robotic avatar for oceanic Discovery［J］. IEEE Robotics & Automation Magazine，2017，23（4）：20-29.

[16] 黄星睿. 逆流而上的"海龙号"［J］. 科普童话·原创，2017（12）：24-25.

[17] 周锋. 深海ROV液压推进系统的稳定性和控制方法研究［D］. 杭州：浙江大学，2015.

[18] 段龙飞. "FiFish飞行鱼"水下无人机开启个人探索海洋时代［J］. 计算机与网络，2016（21）：34-35.

[19] SANZ P J，RIDAO P，OLIVER G，et al. TRIDENT：Recent improvements about autonomous underwater intervention missions［J］. IFAC Proceeding Volumes，2012，45（5）：355-360.

[20] 刘鑫，魏延辉，高延滨. ROV运动控制技术综述［J］. 重庆理工大学学报（自然科学版），2014（7）：80-85.

[21] 晏勇，马培荪，王道炎，等. 深海ROV及其作业系统综述［J］. 机器人，2005（1）：82-89.

[22] 梁霄，徐玉如，万磊，等. 微小型水下航行器广义S型模糊神经网络控制［J］. 大连海事大学学报，2007（3）：11-15.

[23] 赵晓光. 虚拟监控遥操作水下机器人控制系统的研究［D］. 沈阳：中国科学院沈阳自动化研究所，2001.

[24] 徐玉如，李彭超. 水下机器人发展趋势［J］. 自然杂志，2011（3）：125-132.

[25] 陈强. 水下无人航行器［M］. 北京：国防工业出版社，2014.

[26] TAMAKI U. Development of autonomous underwater vehicle in Japan [J]. Advanced Robotics, 2002, 16 (1): 3-15.
[27] 宋超. 基于极限学习机的 AUV 决策控制系统的研究 [D]. 青岛: 中国海洋大学, 2013: 1-9.
[28] 李弘哲. 水下机器人发展趋势 [J]. 电子技术与软件工程, 2017 (06): 93.
[29] 朱治丞. AUV 前视声纳成像与扫描匹配方法研究 [D]. 青岛: 中国海洋大学, 2014.
[30] 曾俊宝, 李硕, 李一平, 等. 便携式自主水下机器人控制系统研究与应用 [J]. 机器人, 2016, 38 (1): 91-97.
[31] TAHOUN A H. Anti-windup adaptive PID control design for a class of uncertain chaotic systems with input saturation [J]. ISA Transactions, 2016 (66): 176.
[32] 杨晓华. 基于 CAN 总线的水下自航行器控制器设计与研究 [D]. 天津: 天津大学, 2006: 1-6.
[33] 王胜平. 水下地磁匹配导航定位关键技术研究 [J]. 测绘学报, 2013, 42 (1): 153-153.
[34] 远豪杰. 便携式水下导航定位系统的研究 [D]. 南京: 南京理工大学, 2006.
[35] 姜国兴, 余锡荣. 水声通信技术在航海中的应用 [J]. 世界海运, 2007 (3): 46-48.
[36] 冯子龙, 刘健, 刘开周. AUV 自主导航航位推算算法的研究 [J]. 机器人, 2005 (2): 168-172.
[37] 史剑鸣. 水下结构检测 ROV 控制系统设计及导航定位方法研究 [D]. 镇江: 江苏科技大学, 2017.
[38] 刘立昕. 前视声纳目标跟踪技术研究 [D]. 哈尔滨: 哈尔滨工程大学, 2011: 1-5.
[39] LI Q H, WEI C H, XUE S H. Iterative inverse beamforming algorithm and its application in multiple targets detection of passive sonar [J]. Chinese Journal of Acoustics, 2017, 36 (2): 208-216.
[40] 董佳佳. 基于声纳图像水下运动目标识别与跟踪技术研究 [D]. 青岛: 中国海洋大学, 2011: 1-6.
[41] 沈瑜, 王新新. 基于背景减法和帧间差分法的视频运动目标检测方法 [J]. 自动化与仪器仪表, 2017 (4): 122-124.
[42] 汪国强, 盖琪琳, 于怀勇, 等. 基于背景差分法的视频目标检测算法研究 [J]. 黑龙江大学工程学报, 2014, 5 (04): 64-68.
[43] MENG X Z, XING J P, WANG Y Z, et al. Pedestrian detection using frame differential method and improved HOG feature [J]. Advanced Materials Research, 2012 (461): 7-12.
[44] WANG Hongliang, WANG Jinqi, DING Haifei, et al. Moving target detection based on the improved gaussian mixture model background difference method [J]. Advanced Materials Research, 2012, (482): 569-574.
[45] ZHANG Gangfu, CHANSON H. Application of local optical flow methods to high-velocity free-surface flows: Validation and application to stepped chutes [J]. Experimental Thermal and Fluid Science, 2018 (90): 186-199.
[46] 吴丽媛. 基于前视声纳的水下多目标探测技术研究 [D]. 武汉: 华中科技大学, 2013: 57-59.
[47] 王彪. 声纳图像的处理及目标识别技术研究 [D]. 兰州: 西北师范大学, 2005: 45-49.
[48] BRUNO M G S, MOURA J M F. Radar/sonar multitarget tracking [C] //IEEE Oceanic Engineering Society OCEANS'98. Conference Proceedings. France, IEEE, 1998: 1422-1426.
[49] 石俭. 基于视觉的小型水下航行器的控制系统设计 [D]. 哈尔滨: 哈尔滨工程大学, 2016: 19-24.
[50] 张铁栋, 万磊, 曾文静, 等. 智能水下机器人声视觉跟踪系统研究 [J]. 高技术通讯, 2012, 22 (5): 502-509.
[51] 周卫祥. 深海作业型 ROV 建模方法的研究 [D]. 哈尔滨: 哈尔滨工程大学, 2015.
[52] FANG M C, HOU C S, LUO J H. On the motions of the underwater remotely operated vehicle with the umbilical cable effect [J]. Ocean engineering, 2007, 34 (8): 1275-1289.
[53] 窦京. 带缆遥控水下机器人总体设计及流体动力特性研究 [D]. 镇江: 江苏科技大学, 2014.
[54] 高文芳. 小型水下探测机器人的操纵性能分析 [D]. 青岛: 中国海洋大学, 2014.
[55] TAKEMURA Y, ISHII K. Dynamics classification of underwater robot and introduction to controller adaptation

[C]. //2010 World Automation Congress. Kobe, Japan, IEEE, 2010: 1-6.

[56] SØRENSEN A J. A survey of dynamic positioning control systems [J]. Annual reviews in control, 2011, 35 (1): 123-136.

[57] PETRIEH J, STILWELL D J. Robust control for an autonomous underwater vehicle that suppresses pitch and yaw coupling [J]. Ocean Engineering, 2011, 38 (1): 197-204.

[58] 邓志刚，朱大奇. 水下机器人动力学模型参数辨识方法综述 [J]. 上海海事大学学报，2014，35 (2): 74-80.

[59] 邓自立，杜洪越，马建为. 改进的递推增广最小二乘参数估计方法 [J]. 科学技术与工程，2002，2 (5): 1-2.